住房城乡建设部土建类学科专业“十三五”规划教材
高等学校房地产开发与管理和物业管理学科专业指导委员会规划推荐教材

物业服务质量管理

王怡红 主 编
田 禹 李玉梅 朱余锋 副主编
刘德明 主 审

中国建筑工业出版社

图书在版编目（CIP）数据

物业服务质量管理/王怡红主编．—北京：中国建筑工业出版社，2017.4（2025.2重印）
住房城乡建设部土建类学科专业“十三五”规划教材　高等学校房地产开发与管理和物业管理学科专业指导委员会规划推荐教材
ISBN 978-7-112-20568-4

Ⅰ.①物…　Ⅱ.①王…　Ⅲ.①物业管理—商业服务—服务质量—质量管理—高等学校—教材　Ⅳ.①F293.347

中国版本图书馆CIP数据核字（2017）第053546号

本教材以介绍物业服务质量管理理论知识为重点，以物业质量管理视角，按照应用型物业管理高层次人才培养目标要求，着眼于向学生介绍最新的质量管理体系标准。本书内容共9章，主要包括：服务管理概论、质量与质量管理、物业服务质量标准、物业服务质量管理、物业服务质量控制、物业客户期望管理、物业客户满意度测评、ISO质量管理体系认证，以及质量管理经典案例。

本书既可作为高等学校物业管理本科专业的教材，也可以作为物业服务企业高级管理人员、企业培训人员进行质量管理与实务操作的参考用书。

为更好地支持相应课程的教学，我们向采用本书作为教材的教师提供教学课件，有需要者可与出版社联系，邮箱：jckj@cabp.com.cn，电话：(010) 58337285，建工书院http://edu.cabplink.com (pc端)。

责任编辑：张　晶　王　跃　刘晓翠
责任校对：王宇枢　刘梦然

住房城乡建设部土建类学科专业“十三五”规划教材
高等学校房地产开发与管理和物业管理学科专业指导委员会规划推荐教材
物业服务质量管理
王怡红　主　编
田　禹　李玉梅　朱余锋　副主编
刘德明　主　审

*

中国建筑工业出版社出版、发行（北京海淀三里河路9号）
各地新华书店、建筑书店经销
北京锋尚制版有限公司制版
建工社（河北）印刷有限公司印刷

*

开本：787毫米×1092毫米　1/16　印张：11　字数：233千字
2017年6月第一版　2025年2月第七次印刷
定价：25.00元（赠教师课件）
ISBN 978-7-112-20568-4
（30239）

教材编审委员会名单

出版说明

20世纪90年代初，我国房地产业开始快速发展，国内部分开设工程管理、工商管理等本科专业的高等院校相继增设物业管理课程或开设物业管理专业方向。进入21世纪后，随着物业管理行业的发展壮大，对高层次物业管理专业人才的需求与日俱增，对该专业人才培养的要求也不断提高。教育部为适应社会和行业对物业管理专门人才的数量需求和人才培养层次要求，于2012年将物业管理专业正式列入本科专业目录。为全面贯彻落实《国家中长期教育改革和发展规划纲要（2010—2020年）》和教育部《全面提高高等教育质量的若干意见》的精神，规范全国高等学校物业管理本科专业办学行为，促进全国高等学校物业管理本科专业建设和发展，提升该专业本科层次人才培养质量，按照教育部、住房城乡建设部的部署，高等学校房地产开发与管理和物业管理学科专业指导委员会（以下简称专指委）组织编制了《高等学校物业管理本科指导性专业规范》（以下简称《专业规范》）。

为了形成一套与《专业规范》相匹配的高水平物业管理教材，专指委于2015年8月在大连召开会议，研究确定了物业管理本科专业核心系列教材共12册，作为“高等学校房地产开发与管理和物业管理学科专业指导委员会规划推荐教材”，并在全国高校相关专业教师中遴选教材的主编和参编人员。2015年11月，专指委和中国建筑工业出版社在济南召开教材编写工作会议，对各位主编提交的教材编写大纲进行了充分讨论，力求使教材内容既相互独立，又相互协调，兼具科学性、规范性、普适性、实用性和适度超前性，与《专业规范》严格匹配。为保证教材编写质量，专指委和出版社共同决定邀请相关领域的专家对每本教材进行审稿，严格贯彻了《专业规范》的有关要求，融入物业管理行业多年的理论与实践发展成果，内容充实、系统性强、应用性广，对物业管理本科专业的建设发展和人才培养将起到有力的推动作用。

本套教材已入选住房城乡建设部土建类学科专业“十三五”规划教材，在编写过程中，得到了住房城乡建设部人事司及参编人员所在学校和单位的大力支持和帮助，在此一并表示感谢。望广大读者和单位在使用过程中，提出宝贵意见和建议，促使我们不断提高该套系列教材的重印再版质量。

高等学校房地产开发与管理和物业管理学科专业指导委员会
中国建筑工业出版社
2016年12月

前 言

我国物业管理行业现有从业人员700多万，数量逐年增加。随着物业管理行业的迅猛发展、企业管理的实际需要和客户需求的不断升级，对高层次物业管理人才的渴求急剧增长，加快高校物业管理专业的建设与发展，培养高层次物业管理应用型人才，迫在眉睫。

物业管理专业是典型的培养应用型人才的专业，物业管理应用型人才就是把成熟的物业管理技术和理论应用到实际生产、生活、文化等方面，因此要求其具有比较深厚的科学基础理论，全面了解物业管理领域的生产、服务和经营。

本教材是为适应全国高等院校物业管理专业《物业服务质量管理》课程的教学需要而编写的，具有以下三个特点：

1. 内容新，定位准确，服务于物业管理应用型本科人才培养需要。物业服务质量管理教材结合了《高等学校物业管理本科指导性专业规范》规定的对物业管理专业人才的培养目标编写，应用性很强，强调理论与实践的紧密结合。通过课程学习，使学生全面掌握质量管理体系要素和现代质量管理的方法，使学生学习能够理论联系实际，运用质量管理的专业知识解决物业管理中的实际问题。

2. 体例新，填补了国内物业服务质量管理教材的空白。本教材借鉴了国外质量管理研究的最新理论与案例，反映了物业服务质量管理研究的最新成果，弥补了国内物业服务质量管理教材短缺的遗憾，丰富了物业服务质量管理理论。根据物业管理本科课程教学大纲的课时要求，突出新颖性，以质量管理理论为基础，引用了最新的物业服务质量管理案例，具有一定的典型性和实操意义。

3. 风格新，知识性与应用性兼顾。突破国内本科教材的传统写法，借鉴国外教材的做法，引入了较多的质量管理案例、背景资料、经典论文、相关插图、表格等。在课程教学体系上，强调了技术、经济、管理、法律等多领域知识的交叉融合；在课程教学内容要求上，着眼于介绍最新的质量管理体系标准；在专业能力培养要求上，强调把实践性教学放在突出的位置。突破传统教材呆板说教的叙述方式，多使用一些带有启发性的、引导性的方式，激发学生发现问题、思考问题，提高学生解决物业管理实际问题的能力。

本书的读者对象主要为高等学校物业管理本科专业学生，也可以作为物业服务企业高级管理人员、企业培训人员进行质量管理与实务操作的参考用书，还可以供企业咨询师、专家学者、继续教育、自学考试、物业管理专业技能考试的教学培训与质量管理培训使用。本书既有一定的理论性，也有较强的实用性。

本教材由山东青年政治学院王怡红主编。编写分工如下：第1章、第2章由王怡红编写，第3章由李海波编写，第4章、第8章由李玉梅编写，第5章由朱余锋编写，第6章由田禹编写，第7章由张学燕编写，第9章由王怡红编写。本书由王怡红、田禹统稿，由山东明德物业管理集团刘德明主审。

笔者在编写时也遇到了一些困惑：首先，随着行业的不断发展，物业管理行业的服务质量标准不断升级，物业管理法律法规不断健全，使得物业管理行业在转型升级的过程中不断出现一些新的行业质量标准，那么对教材的编写势必是一种挑战；其次，本教材为行业内初次系统编写的教材，参考的资料甚少，可供借鉴的国内外研究成果也较少，只有通过各位编写人员对物业行业的了解以及对质量管理的理解来进行物业管理这种特殊类型的服务质量管理的教材编写，很不成熟。物业管理专业是一个实践性很强的专业，《物业服务质量管理》课程也必须理论联系实际。正如毛泽东同志在《实践论》中所指出的那样："感觉到了的东西，我们不能立刻理解它，只有理解了的东西，才能更深刻地感觉它。"

因编者的教学与研究水平所限，加之时间紧张，再者国内外对质量管理的研究体系不够完整，参考资料少，使得该书的编写存在很多不足与遗憾，敬请各位业界、学界专家给予批评指正。恳请各高校师生在使用本教材过程中提出宝贵意见，并将改进意见及时反馈给我们，以便修订时完善。

编者

2016年11月

目 录

1

服务管理概论

本章要点及学习目标

通过本章学习，要求学生掌握服务的概念与特性，服务管理的概念与研究对象，熟悉服务行为、服务产品的特征。掌握服务管理的内涵，理解服务过程。

案例导入

万科物业“睿服务”体系

20多年前，万科盖第一个住宅小区之时，并不知道物业管理该怎么做。说到对小区应该怎么管，王石提了三条：“游泳池的水要干净，不能丢自行车，地上不能有烟头。”从兑现这三句大白话开始，万科物业发展出共管模式、酒店式服务、无人化管理、邻里守望模式等，并在每个小区不遗余力地推动成立业主委员会。多年来这些创新之举为物业同行所关注和借鉴，并为行业的持续发展探索了经验。今天，随着移动互联网的普遍应用，人们的交流方式和渠道发生了根本变化，而传统的物业管理模式因成本的快速上涨与收入天花板之间的矛盾日益加剧，行业发展面临何去何从的困境与抉择。万科物业服务公司没有在观望中被动应对，而是捕捉到互联网等新技术给传统行业管理提效带来的机遇，结合自身丰富的行业经验，并借力移动互联网等技术手段，打造出一套物业“睿服务”体系。2014年9月4日在中国物业管理协会主办的“科技助力行业成长——万科物业发展模式”研讨班上，万科物业首度对外详细介绍了其“睿服务”体系，引起参会同行的强烈反响。万科基于移动互联网的“睿”平台，以“睿”管家为灵魂的服务中心和事业合伙人制的管理中心构成了万科物业“睿服务”体系。

万科物业“睿服务”体系基于以“易化”（Facilitation）、“智能”（Intelligence）、“信托”（Trusteeship）为导向的“FIT模型”，借力信息科技，变革原有管理模式。

在物业服务行业，原有的作业信息记录和传达大部分依靠电子邮件，更有甚者，有部分仍旧停留在纸笔记录的阶段。万科物业在“安心、参与、信任、共生”的核心理念引导下，在硬件设置和软件系统上历经数年的投入与摸索，将设施设备上传感器与后台系统、员工端手机应用相连接，将现场的作业情况、客户的声音直接传达，实现信息的即时记录与传达，带来易化的营运管理解决方案。并以“睿平台”为依托，变革原有物业管控模式，首创以“睿”管家为灵魂的服务中心和事业合伙人制的管理中心。

基于移动互联网的物业服务定制系统——“睿平台”

在通信、金融等行业，国内的企业都可以借鉴使用来自国外成熟的行业IT系统，然而对于有中国特色的物业管理行业，却鲜有成熟的系统可以使用。万科物业从软件系统和硬件设施两个维度搭建连接着社区业主与服务人员、设施设备与工作人员的“睿平台”，推动管理和服务手段的更新换代，用更高的效率为客户创造更好的体验。自2011年起，万科物业对社区里的人、房、物做了一遍系统的梳理。今天，在“睿平台”的帮助下，后台的管控者会清楚地知道每一个小区有多少保洁面积、哪位保洁员在哪个区域工作，“睿平台”包括了业主手机端应用“住这儿”、工作人员手机端应用“助这儿”、EBA远程设备监控与运营系统，以及将万科物业所营运社区中所有设施设备进行线上管控的“战图”系统、客户管理全息视图系统等。在该平台的支持下，无论是业主每天会使用到的门禁设施，还是物业员工需要定期巡视的配电设备，都已“上线”——在云端与万科物业的后台系统连接。当一位业主发现地下车库的灯泡坏了，他掏出手机用一个名叫“住这儿”手机APP拍照上传，与此同时，万科物业总部会实时收悉该报修信息，几毫秒内自动匹配所在小区该车库附近具有维修技能的员工，向其手机上的“助这儿”APP发送工单。接下来，员工完成维修并向业主的APP上发送反馈，业主满心欢喜地在手机上给这位快速响应的物业员工点赞。这个听起来有点像淘宝、微信等互联网产品玩法的情景并不是想象，而是基于万科物业“睿平台”的一个真实作业案例。

业主端手机应用“住这儿”已实现物业公告、访客同行、投诉报修、员工点评、账单支付、邮件查询、社区议事、邻里社交、商家点评等多种功能。

物业管理经历了30多年从无到有发展的初级阶段，进入到转型升级的新阶段。目前，我国物业服务企业约10.5万家、管理规模164.5亿m^2，从业人员711万，年营业收入3500亿元。《2015全国物业管理行业发展报告》全景式展现了行业发展的成绩、趋势，在新的政策环境和市场环境的影响下，我国物业管理行业进入了创新发展的新阶段，行业价值被社会重新发现，迎来了黄金发展新十年。物业服务业就业容量大，发展前景广。如何发挥好产业转型升级的引领作用，加快服务业自身的转型与发展，以推动经济结构的调整和转型升级，成为当前我们面临的主要任务。物业服务是与人民群众生活水平息息相关的生活性服务业，已成为提高公共服务一体化，不断提高城镇化水平的有机组成部分。

据统计，我国2015年GDP增长为6.9%，第三产业撑起GDP半壁江山，消费贡献率近2/3。2015年第三产业增加值占国内生产总值的比重为50.5%，比上年提高2.4%，高于第二产业10%。从年度数据看，这是第三产业GDP占比首次过半。在第二产业增速换挡之际，第三产业对经济增长发挥了稳定器作用，并成为稳定就业的重要因素。与此同时，去年高技术产业增加值同比增长10.2%，比规模以上工业快4.1%，这都表明我国经济结构持续优化。数据的走势及变化，折射出面对错综复杂的国际形势和不断加大的经济下行压力，中国经济稳中有进、稳中有好的发展势头。

案例来源:《中国物业管理》2014年09期

1.1　服务的概念

服务是指为他人做事，并使他人从中受益的一种有偿或无偿的活动。不以实物形式而以提供劳动的形式满足他人某种特殊需要。几乎每一个人都对“服务”一词很熟悉，但如果要回答“什么是服务”，却没有几个人能说得清楚。“服务”也和“管理”一样，很多学者都给它下过定义。但由于它是看不到摸不着的东西，而且应用的范围也越来越广泛，难以简单概括，所以直到今天，还没有一个权威的定义能为人们所普遍接受。在古代“服务”是“侍候、服侍”的意思，随着时代的发展，“服务”被不断赋予新意，如今，“服务”已成为整个社会不可或缺的人际关系的基础。社会学意义上的服务，是指为别人、为集体的利益而工作或为某种事业而工作，如“为人民服务”，“在邮电局服务了15年”。经济学意义上的服务，是指以等价交换的形式，为满足企业、公共团体或其他社会公众的需要而提供的劳务活动，它通常与有形的产品联系在一起。

1960年，美国市场营销协会（AMA）最先给服务下的定义为：“用于出售或者是同产品连在一起进行出售的活动、利益或满足感。”这一定义在此后的很多年里一直被人们广泛采用。1974年，斯坦通（Stanton）指出：“服务是一种特殊的无形活动。它向顾客或工业用户提供所需的满足感，它与其他产品销售和其他服务并无必然联系。”1983年，莱特南（Lehtinen）认为：“服务是与某个中介人或机器设备相互作用并为消费者提供满足的一种或一系列活动。”1990年，格鲁诺斯（Gronroos）给服务下的定义是：“服务是以无形的方式，在顾客与服务职员、有形资源等产品或服务系统之间发生的，可以解决顾客问题的一种或一系列行为。”当代市场营销学泰斗菲利普·科特勒（Philip Kotler）给服务下的定义是：“一方提供给另一方的不可感知且不导致任何所有权转移的活动或利益，它在本质上是无形的，它的生产可能与实际产品有关，也可能无关。”

我们将服务定义为：服务就是本着诚恳的态度，为他人着想，并为他人提供方便或帮助的行为。

1.1.1 服务过程与服务产品

服务过程，是指与服务生产、交易和消费有关的程序、操作、组织机制、人员处置的使用规则、对顾客参与的规定、对顾客的指导、活动的流程等，简言之，就是服务生产、交易和消费有关的程序、任务、日程、结构、活动和日常工作。服务过程质量是指产品进入使用过程后，生产企业对用户服务要求的满足程度。

服务产品，是生产者（提供者）通过由人力、物力和环境所组成的结构系统来销售和实际生产及交付的，能被消费者购买和实际接收及消费的功能和作用。

1.1.2 服务提供可涉及产品

（1）在各种产品上所完成的活动（如维修的汽车）；

（2）在顾客提供的无形产品上所完成的活动；

（3）无形产品的交付（如知识传授方面的信息提供）；

（4）为顾客提供服务（如在宾馆和饭店）；

（5）物业管理的服务。

1.1.3 服务推广类型

按服务推广过程可将服务分为以下三类：

高接触性服务，指顾客在服务推广过程中参与其中全部或者大部分的活动，如电影院、娱乐场所、公共交通、学校等所提供的服务。

中接触性服务，指顾客在局部时间内参与其中的活动，如银行、律师、地产经纪人等所提供的服务。

低接触性服务，指在服务推广中顾客与服务的提供者接触较少的服务，其间的交往主要是通过仪器设备进行的，如信息等提供的服务。

1.1.4 服务的特性

1．无形性

商品和服务之间最基本的，也是最常被提到的区别是服务的无形性，因为服务是由一系列活动所组成的过程，而不是实物，这个过程不能像有形商品那样被看到、感觉或者触摸到。对于大多数服务来说，购买服务并不等于拥有其所有权，如航空公司为乘客提供服务，但这并不意味着乘客拥有了飞机上的座位的所有权。

2．异质性

服务是由人表现出来的一系列行为，而且每个员工所提供的服务通常是顾客眼中的不一样服务，由于没有两个完全一样的员工，也没有两个完全一样的顾客，那么就没有两种完全一致的服务。

服务的异质性主要是由于员工和顾客之间的相互作用以及伴随这一过程的所有变化因素所导致的，这也导致了服务质量取决于服务提供商不能完全控制的许多因素，如顾客对其需求的清楚表达的能力，员工满足这些需求的能力和意愿，其他顾客的到来以及顾客对服务的需求程度。由于这些因素的存在，服务提供商无法确知服务是否按照原来计划和宣传的方式提供给顾客，若服务由中间商提供，则更加大了服务的异质性，因为在顾客看来，这些中间商提供的服务仍代表服务提供商。

3．生产和消费的同步性

大多数商品是先生产，然后进行存储、销售和消费，但大部分的服务却是与销售同时进行生产和消费的。

通常，服务在生产的时候，顾客是在现场的，而且会观察甚至参加到生产过程中来。有些服务是很多顾客共同消费的，即同一个服务由大量消费者同时分享，比如一场音乐会，这也说明了在服务的生产过程中，顾客之间往往会有相互作用，因而会影响彼此的体验。

服务生产和消费的同步性使得服务难以进行大规模的生产，服务不太可能通过集中化来获得显著的规模经济效应，问题顾客（扰乱服务流程的人）会在服务提供过程中给自己和他人造成麻烦，并降低自己或者其他顾客的感知满意度。另外，服务生产和消费的同步性要求顾客和服务人员都必须了解整个服务传递过程。

4．易逝性

是指服务不能被储存、转售或者退回的特性。比如一个有100个座位的航班，如果在某天只有80个乘客，它不可能将剩余的20个座位储存起来留待下个航班销售；一个咨询师提供的咨询也无法退货，无法重新咨询或者转让给他人。

由于服务无法储存和运输，服务分销渠道的结构和性质与有形产品差异很大，为了充分利用生产能力，对服务需求进行预测并制定有创造性的计划成为重要和富于挑战性的问题。而且由于服务无法像有形产品一样退回，服务组织必须制定强有力的补救策略，以弥补服务失误。尽管咨询师糟糕的咨询没法退回，但是咨询企业可以通过更换咨询师来重拾顾客的信心。

1.2 服务管理的内涵

长期以来，产品制造业大都奉行理查德·H·泰勒（Richard H.Thaler）和亚当·斯密（Adam Smith）提出的科学管理理论来组织企业的经营活动。科学管理以发展规模经济和降低成本与管理费用为主流管理原则，发挥了不可磨灭的提高企业管理水平的作用，促进了工业经济的迅猛发展。但是这种管理理论越来越不能够适应当前社会经济发展的客观要求。

当前我国正处于由工业主导向服务业主导的转型关键时期，转型期人们生活消费进入结构升级的变革阶段，消费呈现出从注重量的满足向追求质的提升的趋势。随着生活消费方式由生存型、传统型、物质型向发展型、现代型、服务型转变，势必带动物业服务消费的大幅增长。

基于服务业的蓬勃发展和制造业在制造技术、产品功能及产品方面的趋同，市场竞争已进入了服务竞争的时代。面临服务竞争的各类企业必须通过了解和管理顾客关系中的服务要素来获得持久的竞争优势。这就迫切需要一系列理论、方法作为服务竞争的指导原则。由于建立在物质产品生产基础上的“科学管理”理论和方法在服务竞争中的有效性受到限制，必须探索适合于服务特性的新的理论和方法。由此，“服务管理”应运而生。

从20世纪60年代开始，服务管理已成为国内外管理学界一个新的重要研究领域，并获得了丰硕的成果。对服务问题最早进行专门研究的是一些北欧的营销研究专家。针对营销活动中的服务、服务产出和服务传递过程的特性，进行了大量卓有成效的研究，提出了一系列新的模型、概念和工具，并把这些研究成果归类为“服务营销”。服务营销作为服务管理的一个研究领域，对服务管理理论体系的形成起到了重要的开创作用。

首先对服务管理提出一个大家普遍接受的定义的是格朗鲁斯（Gronroos）和阿尔布里奇（Albrecht）。他们两人的定义有一个共同之处，就是认为服务管理即“将顾客感知服务质量作为企业经营管理的第一驱动力”。从研究产品的效用向研究顾客关系效用转移，从短期交易向长期伙伴关系转移，从产品质量或产品技术质量向顾客感知质量转移，从把产品技术、质量作为组织生产的关键向全面效用和全面质量作为组织生产关键转移。

随着服务经济时代的来临，服务业开始扮演越来越重要的角色，服务管理理论研究也迅速走向前沿。服务管理指的是服务企业运营管理，用以指导服务企业在服务竞争环境下，通过服务系统的整体运作，提高服务能力和客户感知的服务质量。

服务管理研究的是如何在服务竞争环境中对企业进行管理并取得成功，它包括对服务利润链的分析、服务的交互过程与交互质量、服务质量管理中的信息技术、服务业产品营销与制造业产品营销的比较等。服务管理的目的是增加客户对服务的满意度。

服务管理是面临服务竞争社会下产生的一种新的管理模式。它虽然已经历长达30多年的研究过程，在概念与必要性、特征和某些理论探讨方面取得了众多研究成果，但是至今尚未形成完整的学科体系，所以也有一些专家学者将服务管理称为一种“管理视角”或“管理观念”。

服务管理是从营销服务中逐渐发展起来的，加快了理论界对服务管理系统理论和方法的研究，企业界顺应要求，加快了经营理论向“顾客导向”的转化。服务管理来源于多个学科，是一种涉及企业经营管理、生产运作、组织理论和人力资源管理、质量管理学等学科领域的管理活动。从科学管理到服务管理是顺应社会发展的必然，虽然它还未形成一个独立的理论体系，但其为企业获得持续的竞争优势，服务管理的实践和理论研究对企业的发展有重大的战略意义。

1.2.1 服务管理的核心是服务质量

国外对服务质量的研究始于20世纪80年代初。北欧学者首先对服务质量的内涵与性质等进行了开拓性的研究，美国营销科学院也同时开始资助了一项为期10年的服务质量专项研究，欧美不少高校相继成立了服务质量研究机构，一些颇具影响的研究成果相继问世，这一切都促进了服务管理学科体系的完善和发展。

在众多的研究成果中，具有代表性的是芬兰学者格朗鲁斯（Gronroos）发表的一系列论著，他在1990年出版的《服务管理与营销》一书中，将企业的竞争战略划分为以成本、价格、技术和服务为主的四种形态，指出市场处于服务竞争阶段，促使企业经营战略转向以“服务”为主导的战略。他发表的《从科学管理到服务管理：服务竞争时代的管理视角》一文，从理论上阐述了服务管理与科学管理的区别，论证了服务管理的特征及其理论和实践对经济发展的贡献，他根据认知心理学的基本理论，提出了顾客感知服务质量的概念，论证了服务质量从本质上讲是一种感知，是由顾客的服务期望与其接受的服务经历比较的结果。服务质量的高低取决于顾客的感知，其最终评价者是顾客而不是企业，格朗鲁斯在这一领域的研究成果为服务管理理论体系的形成奠定了基础。

1.2.2 物业服务管理的核心是物业服务质量

从物业服务企业的作用来说，物业管理就是使业主的物业保值与增值。我国

《物业管理条例》中对物业管理的定义：指业主通过选聘物业服务企业，由业主和物业服务企业按照物业服务合同约定，对房屋及配套的设施设备和相关场地进行维修、养护、管理，维护物业管理区域内的环境卫生和相关秩序的活动。随着物业服务行业的迅猛发展，各种矛盾纠纷以及相关法律法规的出现，各方面更多关注的是业主满意度，这也直接关系到物业服务企业的生存与发展，所以物业服务管理的核心就是物业服务质量。

本章小结

本章主要讲授服务的概念与特性，服务管理的概念与特征，服务管理的内涵，服务过程、服务产品特征。了解服务管理的核心是提高服务质量，提高对重视物业服务质量的认识。

思考题

1．简述服务的概念与特性。

2．简述服务管理的内涵与调整对象。

3．简述服务过程、服务产品的特性。

4．简述芬兰学者格朗鲁斯（Gronroos）《服务管理与营销》的主要理论与贡献。

2

质量与质量管理

本章要点及学习目标

通过本章学习要求学生掌握质量与质量管理的概念，熟悉质量管理的发展历程；掌握质量管理的相关理论，以及质量管理的七大基本原则。

案例导入

彩生活香港成功上市，物业服务的社区O2O模式亮相

2005年6月30日，花样年控股的彩生活在香港主板上市成功，公司募集资金60%将用于收购物业服务企业，20%将拨作购买硬件设施，余下20%分别用于销售及市场推广活动、投资科技软件及公司一般营运。彩生活在香港的成功上市，也代表着物业服务行业的社区O2O模式创新出现了突破，未来我国物业服务行业将涌现出多元化的商业模式。

前瞻产业研究院发布的《2014－2018年中国物业服务企业商业模式与市场投资战略规划分析报告》显示，我国传统物业服务行业效率较为低下，运营过程不够透明，许多业主对物业服务公司的满意度较低。而物业服务行业市场的竞争主要表现在对业主的全面争夺，而是否拥有业主取决于物业服务企业与业主的关系，取决于业主对物业产品和服务的满意程度。业主满意程度越高，物业服务企业竞争力越强，市场占有率就越大，物业服务企业效益就越好，这是不言而喻的。物业服务企业应着力创造业主价值，而创造业主价值的关键是让业主满意。

而社区O2O服务模式可以通过标准化、自动化、透明化的运营大幅度提高运营的效率，降低运营的成本。此外，通过移动互联网进行推广和普及，整合线下资源，为业主提供一站式服务并且能够掌握用户的“大数据”，进一步开发业主用户的潜在价值。因此未来智能社区服务以及用户群体大数据的开发对于万科这种龙头地产开发商以及部分高资质的物业服务企业而言已非难事。

据了解，彩生活通过并购物业服务企业及为全国各地物业服务企业提供顾问服务来推进社区O2O服务，其中并购物业服务企业后通过实施标准化、集约化、自动化的物业管理服务来降低成本，提升效率，大幅度提高了物业服务企业的盈利能力，进而孵化社区O2O业务的发展。彩生活处于用户获取阶段，据统计，2014年彩生活辐射小区已达到1200个，管理面积近2亿m^2。

一般而言，物业服务企业受技术条件约束较为明显。长期以来的物业服务行业的低准入门槛，使市场认为物业服务行业是劳动力密集型的行业，技术水平相对落后，资本对劳动的输出效应不明显。然而，近年来物业服务企业的转型升级正逐渐改变这一现状。如长城物业的IT标准化的实施、绿城物业的“绿城园区生活服务网”、万科物业的“无人化管理”等，这些物业服务企业通过信息技术市场化的应用，对企业的运行模式进行改善，实现价值链的延伸和拓展。从这个层面上来讲，技术本身并不能带来商业模式创新的动力，而是新技术的市场化应用。近年来移动互联网的快速发展为彩生活的O2O模式奠定了非常好的基础。未来随着移动互联网的持续快速发展，更多新的商业模式将围绕物业服务行业的价值链展开创新。图2–1物业服务企业纵向延伸型价值链反映了物业服务企业早期介入阶段介入内容的延伸，图2–2物业服务企业横向

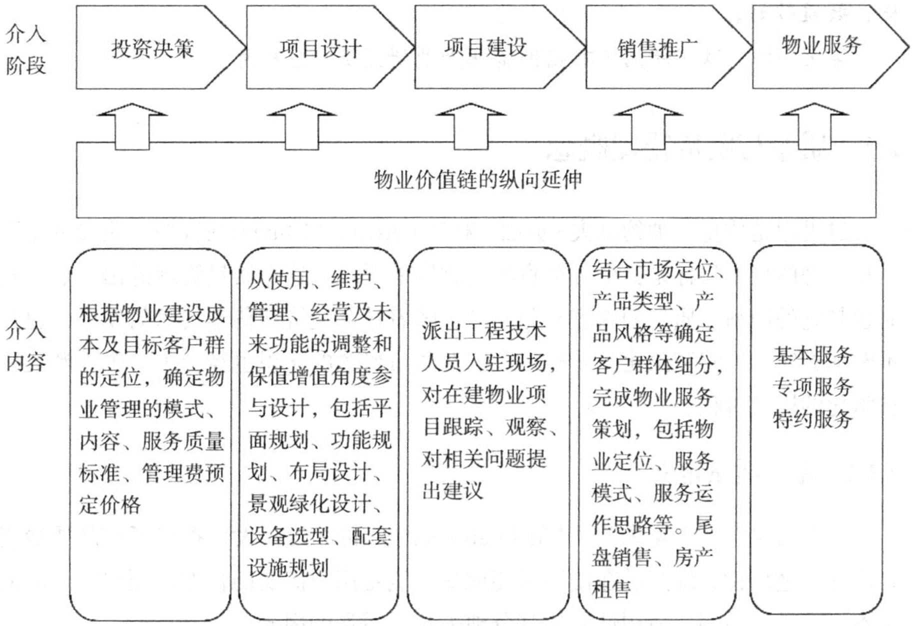

图2-1　物业服务企业纵向延伸型价值链

（资料来源：前瞻产业研究院整理）

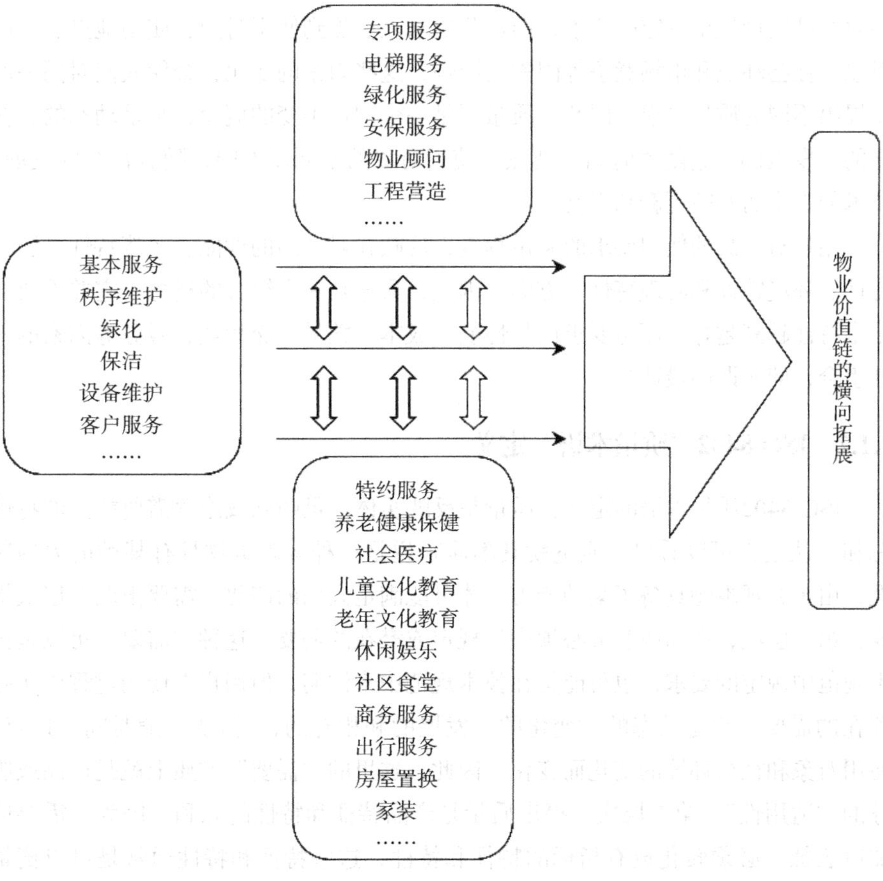

图2-2　物业服务企业横向拓展型价值链

（资料来源：前瞻产业研究院整理）

拓展型价值链反映了物业服务企业给业主提供的基本服务和特约服务，类型多样，效益较好。

案例来源：欧阳新周（前瞻网资深产业研究员、分析师）

2.1 质量与质量管理概念

21世纪是质量大师约瑟夫·莫西·朱兰（Joseph M.Juran)预言的“质量世纪”。质量管理的根本目标是：全心全意满足顾客的要求。这是质量管理的出发点，同时也是它的归宿。质量的内容十分丰富，随着社会经济和科学技术的发展，也在不断地充实、完善和深化，同样，人们对质量概念的认识也经历了一个不断发展和深化的历史过程。

2.1.1 朱兰质量定义

著名质量管理专家朱兰（J.M.Juran）从顾客的角度出发，提出了产品质量就是产品的适用性，即产品在使用时能成功地满足用户需要的程度。用户对产品的基本要求就是适用，适用性恰如其分地表达了质量的内涵。

这一定义包括两个方面的内容：即使用要求和满足程度。人们使用产品，总会对产品质量提出一定的要求，而这些要求往往受到使用时间、使用地点、使用对象、社会环境和市场竞争等因素的影响，这些因素的变化，会使人们对同一产品提出不同的质量要求。因此，质量不是一个固定不变的概念，它是动态的、变化的、发展的，它随着时间、地点、使用对象的不同而不同，随着社会的发展、技术的进步而不断更新和丰富。

用户对产品的使用要求的满足程度，反映在对产品的性能、经济特性、服务特性、环境特性和心理特性等方面。因此，质量是一个综合的概念，它并不要求技术特性越高越好，而是要求诸如性能、成本、数量、交货期、服务等因素的最佳组合，即所谓的最适当。

2.1.2 ISO 8402“质量术语”定义

ISO 8402质量术语的定义：质量是反映实体满足明确或隐含需要能力的特性总和。从定义可以看出，质量就其本质来说是一种客观事物具有某种能力的属性，由于客观事物具备了某种能力，才可能满足人们的需要。需要由两个层次构成：第一层次，产品或服务必须满足规定或潜在的需要，这种“需要”可以是技术规范中规定的要求，也可能是在技术规范中未注明，但用户在使用过程中实际存在的需要。它是动态的、变化的、发展的和相对的，“需要”随时间、地点、使用对象和社会环境的变化而变化。因此，这里的“需要”实质上就是产品或服务的“适用性”；第二层次，提出质量是产品特征和特性的总和。因为，需要应加以表征，必须转化成有指标的特征和特性，这些特征和特性通常是可以衡量的：全部符合特征和特性要求的产品，就是满足用户需要的产品。因此，“质量”定义的第二个层次实质上就是产品的符合性。质量的定义中所说“实体”是指可单独描述和研究的事物，它可以使活动、过程、产品、组织、体系、人以及他们进行组合。

从以上分析可知，企业只要生产出用户使用的产品，就能占领市场。而就企业内部来讲，企业又必须要生产出符合质量特征和特性指标的产品。所以，企业除了要研究质量的“适用性”，还要研究质量的“符合性”。

2.1.3 ISO 9000：2000“质量”

ISO 9000：2000对于“质量”的定义为：质量是指一组固有特性满足要求的程度。上述定义，可以从以下几个方面来理解。

（1）ISO 9000：2000“质量”是相对于ISO 8402的术语，更能直接地表述质量的属性，由于它对质量的载体不做界定，说明质量可以存在于不同领域或任何事物中。对质量管理体系来说，质量的载体不仅针对产品，即过程的结果（如硬件、流程性材料、软件和服务），也针对过程和体系或者他们的组合。也就是说，所谓“质量”，既可以是零部件、计算机软件或服务等产品的质量，也可以是某项活动的工作质量或某个过程的工作质量，还可以是企业的信誉、体系的有效性。

（2）质量定义中的“特性”是指事物所特有的性质，固有特性是事物本来就有的，它是通过产品、过程或体系设计和开发及其后实现过程形成的属性。例如：物质特性（如机械、电气、化学或生物特性）、感官特性（如用嗅觉、触觉、味觉、视觉等感觉特性）、行为特性（如礼貌、诚实、正直）、时间特性（如准时性、可靠性、可用性）、人体工效特性（如语言或生理特性、人身安全特性）、功能特性（如飞机最高速度）等，这些固有特性的要求大多是可测量的。而被赋予的特性（如某一产品的价格），并非是产品、体系或过程的固有特性。

（3）质量定义中的“满足要求”，就是应满足明示的（如明确规定的）、通常隐含的（如组织的惯例、一般习惯）或必须履行的（如法律法规、行业规则）的需要和期望。只有全面满足这些要求，才能评定为好的质量或优秀的质量。

（4）顾客和其他相关方对产品、体系或过程的质量要求是动态的、发展的和相对的，它将随着时间、地点、环境的变化而变化。所以，应定期对质量进行评审，按照变化的需要和期望，相应地改进产品、体系或过程的质量，确保持续地满足顾客和其他相关方的要求。

（5）“质量”一词也可用形容词如差、好或优秀等来修饰。在质量管理过程中，“质量”的含义是广义的，除了产品质量之外，还包括工作质量。质量管理不仅要管好产品本身的质量，还要管好质量赖以产生和形成的工作质量，并应以工作质量为重点。

2.1.4 质量管理定义

质量管理，是指确定质量方针、目标和职责，并通过质量体系中的质量策划、控制、保证和改进来使其实现的全部活动，同时也是指在质量方面指挥、控制、组织、协调的活动。质量管理通常包括制定质量方针和质量目标以及质量策划、质量控制、质量保证和质量改进。

质量管理是什么？

日本质量管理的集大成者石川馨（Ishikawa Kaoru）给质量管理的定义是：用最经济、最实用的方式加以开发、设计、生产、销售和服务，为购买者提供满意的产品。为了达到这样的目标，公司内部经营、制造、工场、技术、研究、计划、调查、事物、资材、仓库、销售、营业、人事、管理部门等必须通力合作，创造出合适的工作组织，并加以标准化且认真彻底地执行。

全面质量管理大师阿曼德·费根堡姆（Armand Vallin Feigenbaum）是全面质量控制的创始人，他主张用系统或者说全面的方法管理质量，在质量过程中要求所有职能部门参与，而不局限于生产部门。这一观点要求在产品形成的早期就建立质量，而不是在既成事实后再做质量的检验和控制。质量管理是把组织内部各部门的质量发展和质量改进的各项努力，综合成一个有效的制度，使生产及服务均能以最低经济的水准使顾客满意。

从以上质量管理大师对质量管理的定义中可以看出，质量管理并不是单纯的对产品进行检验，而是要集合全公司人员的智慧与经验，灵活运用组织体系，并且对组织内部的人、事、物进行改善，用最经济的生产方式，满足客户的质量需求的系统化合作过程。

延伸阅读

海尔的启示：质量第一

20世纪60年代以前，日本企业的产品在欧美市场是最低品质产品的代表，可是仅仅过了30年，日本却涌现出一批能够在世界舞台上大显身手的企业，他们的产品也摇身一变，成为“高品质”的代名词。事实上很多人都知道，日本的汽车、电子产品在短短的30年，将欧美企业打得节节败退，所凭借的正是“质量”。同样，“没有质量就不可能赢得忠诚的客户”这条原则亦适用于中国市场。

海尔集团董事长张瑞敏曾说过，要在国际市场竞争中取胜，第一是质量，第二是质量，第三还是质量。因此，当20世纪80年代中国还有不少的企业把产品分类为一等品、二等品、三等品和等外品，而且允许这些产品流通于市场的时候，海尔集团在当时电器产品短缺的情况下却做了一件足以闻名全国的事情，砸烂所有不合格的冰箱。海尔认为让有质量问题的产品出厂，这些产品就不会有市场竞争力，最重要的是企业没有对消费者负责，它违背了健康的企业质量文化。海尔公司几十年如一日地重视产品质量。2012年9月17日，第18届中国品牌价值研究结果在英国伦敦揭晓，海尔以962.8亿（人民币）的品牌价值位居榜首，连续11年蝉联中国最有价值品牌排行榜。

中国最有价值品牌研究，始于1994年，由欧睿全球排行榜资讯集团与北京名牌资产评估有限公司共同研究并发布。该榜单以研究品牌价值内涵及发展规律，推进中国企业创建自主品牌为目的，在见证改革开放后中国企业品牌全球拓展历程的同时，也为中国企业的品牌建设提供了经验和借鉴。

2002年，海尔以489亿的品牌价值首次问鼎中国最有价值品牌排行榜。如今，品牌价值实现了翻番增长，海尔品牌价值提升的历程印证了中国品牌在全球发展壮大的轨迹。

海尔在创业之初就确定了“名牌战略”的发展思路，不到30年的时间，在面对来自全球上百年历史的跨国巨头竞争较量中，海尔完成了跨越式发展。如今已在全球市场形成了本土化研发、生产、销售的“三位一体”布局，以最快的速度响应不同区域消费者的需求。

海尔通过自主创牌赢得了全球消费者的信赖，全球品牌影响力快速提升。欧睿国际的调查数据显示，海尔白色家电已连续三年蝉联全球销量第一。自欧美债务危机爆发以来，全球发达国家市场相对萎缩，全球大多数家电企业也随之陷入了市场业绩衰退的尴尬，而海尔却凭借差异化的创新产品赢得了全球消费者的认可。统计数据显示，目前在美国，超过30%的家庭选择了海尔产品，在金融危机蔓延的欧洲市场，2012年上半年，海尔白色家电在法国实现两位数增长，在俄罗斯增幅高达六成，上演了逆势增长的好戏。

海尔的“中国创造”，已经发展成为“由中国企业主导、整合全球资源”的创造。近来，海尔进一步加大全球资源整合力度，继收购日本三洋部分白色家电业务后，最近，海尔又向新西兰家电巨头斐雪派克发出增持股份要约通知，拟全盘收购斐雪派克。这将进一步完善海尔技术和市场资源的全球化布局。目前，海尔成立了中国、亚洲、欧洲、美洲、澳洲全球五大研发中心，成为全球整合资源最迅速的企业，并联合全球业界知名技术、设计专家，共同为用户需求服务。

领先的品牌影响力得益于海尔领先的商业模式。海尔首席执行官张瑞敏认为，没有成功的企业，只有时代的企业。要成为时代的企业，就是要不断创新，不断战胜自我，才能在变化的市场上以变制变，变中求胜。

为了适应当今的互联网时代，海尔积极进行商业模式变革，将全球8万员工变成了2000多个自主经营体组织，每个经营体动态地根据用户需求灵活应变，实现自驱动、自运转、自创新。海尔全球竞争力正在进一步增强。海尔自推进模式转型以来，五年间的利润复合增长率达到38%，保持了两倍于行业利润复合增长率的高速增长，在目前全球家电市场不景气的背景下，在整个行业的领先地位得到进一步巩固。这些都充分说明海尔人单合—双赢模式符合互联网时代的需求，持续赢得了市场和用户的认可。

案例来源：豆丁网 2010年8月23日

2.2 质量管理的相关理论

2.2.1 发展历程

质量管理的发展大致经历了三个阶段。

1．质量检验阶段

产品质量主要依靠操作者本人的技艺水平和经验来保证，属于“操作者的质量管理”。20世纪初，以F·W·泰勒为代表的科学管理理论的产生，促使产品的质量检验从加工制造中分离出来，质量管理的职能由操作者转移给工长，是“工长的质量管理”。随着企业生产规模的扩大和产品复杂程度的提高，产品有了技术标准（技术条件），公差制度（见公差制）也日趋完善，各种检验工具和检验技术也随之发展，大多数企业开始设置检验部门，有的直属于厂长领导，这时是“检验员的质量管理”。上述做法都属于事后检验的质量管理方式。

2．折叠统计质量控制阶段

1924年，美国数理统计学家W·A·休哈特提出控制和预防缺陷的概念。他根据数理统计的原理提出在生产过程中控制产品质量的“6σ”管理法，绘制出第一张控制图并建立了一套统计卡片。与此同时，美国贝尔研究所提出关于抽样检验的概念及其实施方案，成为运用数理统计理论解决质量问题的先驱，但当时并未被普遍接受。以数理统计理论为基础的统计质量控制的推广应用始自第二次世界大战。由于事后检验无法控制武器弹药的质量，美国国防部决定把数理统计法用于质量管理，并由标准协会制定有关数理统计方法应用于质量管理方面的规划，成立了专门委员会，并于1941年至1942年先后公布一批美国战时的质量管理标准。

3．折叠全面质量管理阶段

20世纪50年代以来，随着生产力的迅速发展和科学技术的日新月异，人们对产品的质量从注重产品的一般性能，发展为注重产品的耐用性、可靠性、安全性、维修性和经济性等。在生产技术和企业管理中要求运用系统的观点来研究质量问题。在管理理论上也有新的发展，突出重视人的因素，强调依靠企业全体人员的努力来保证质量。此外，还有各国“保护消费者利益”运动的兴起，企业之间市场竞争越来越激烈。在这种情况下，美国A·V·费根鲍姆于20世纪60年代初提出全面质量管理的概念，他提出，全面质量管理是“为了能够在最经济的水平上、并考虑到充分满足顾客要求的条件下进行生产和提供服务，把企业各部门在研制质量、维持质量和提高质量方面的活动构成为一体的一种有效体系”。中国自1978年开始推行全面质量管理，并取得了一定成效。

2.2.2 质量管理体系

质量管理体系包含四大过程要素：管理职责，资源管理，产品实现，测量、分析和改进。现根据ISO 9004标准介绍如下：

1．管理职责

最高管理者首先应对建立、实施质量管理体系并持续改进其有效性做出承诺，同时开展以下活动：

①向组织传导满足顾客和法律法规要求，并使其他相关方获益的重要性。

②制定质量管理方针，并定期评审。

③确定可测量的质量目标，并确保落实到组织的相关职能和层次上。

④策划质量管理体系，并确保其完整性。

⑤确定组织各职能部门、各级人员的职责、权限和内部沟通方式。

⑥开展管理评审，以确保其持续的适宜性、充分性和有效性。

2．资源管理

最高管理者应确保识别并获得质量管理体系运行和改进，使顾客和其他相关方满意所需的各类资源。

（1）人力资源

确定从事影响产品质量工作的人员必要的能力，包括文化程度，培训、技能和经历，并通过招聘、调配和培训以确保其胜任，能为实现质量目标作出贡献。

（2）基础设施

规定产品实现所必需的各类基础设施，如：

①建筑物、工作场所和相关的设施；

②产品实现过程所用的设备、工具；

③供水、供电与通信等支持性服务设施。

（3）工作环境

确保适宜的工作环境，包括：

①和谐的人际关系，能充分发挥员工的潜能，使之创造性地工作；

②安全、清洁，适宜的温度、湿度、光度、气流等。

（4）信息资源

正确、及时、全面的信息对领导者决策的制定并激励员工创新是必不可少的，应该包括：

①识别信息的需求并获得内外信息来源；

②将信息转换为组织使用的知识；

③利用信息获得收益。

（5）供方及合作关系

与供方和合作者建立合作关系，推动和促进相互交流，以共同提高相关过程的效率和有效性。

（6）自然资源

应制订计划或应急计划，以确保得到或替代自然资源，从而使其对组织业绩的负面影响减至最小，并产生重要的正面影响。

（7）财务资源

应策划、提供并控制为实施和保持一个高效的质量管理体系以及实现组织目标所必须的财务资源，包括确定财务资源需求和来源等活动。

3．产品实现

产品实现是质量管理体系的主要过程要素。组织应对产品实现的过程网络进行识别、策划和改进，对特定产品、项目或合同可编制质量计划。具体包括：

（1）产品实现的策划

在对产品进行策划时，组织应确定以下方面的适当内容：

①产品的质量目标和要求；

②针对产品确定过程、文件和资源的需求；

③产品所要求的验证、确认、监视、检验和实验活动以及产品接收准则；

④为实现过程及其产品满足要求提供证据所需的记录。

策划的输出形式应适合于组织的运作方式。

（2）与顾客有关的过程

包括与产品有关的要求的确定、评审及顾客沟通。

首先，应确定顾客规定的和潜在的要求、与产品有关的法律法规要求以及依据市场调查确定的其他附加要求。

然后，应评审与产品有关的要求，即合同评审，以确保：

①产品要求已达到合同规定；

②与以前表述不一致的合同或订单要求已协商一致，获得理解与解决；

③组织有能力满足规定的要求，即具有履行合同或订单的能力；

④合同履行过程中应注意与顾客沟通，及时获取产品信息和顾客反馈，包括处理顾客投诉。如发生合同更改，应重新进行评审。

（3）设计和开发

产品设计和开发过程中，应把上述产品设想报告中的用户要求（一般是定性的），转化成产品图样及材料标准、外购件标准及工艺标准等一系列技术规范，保证产品既能使用户满意，又便于生产、检验和质量控制，从而使企业获得良好的经济效益。为保证设计质量，即设计出来的规范或图纸的质量，应抓好下列几个环节：

①确定设计方案。即制定设计进度计划和设计目标，明确规定设计职责，考虑应遵循安全、环境、节能、计量等法规要求。

②规定测试规范。即规定设计和生产中用于评价产品（包括在制品）的测量和实验方法以及验收的准则。

③设计鉴定和确认。即在设计的每一阶段应对设计进行评价，验证设计计算书、检验样机（样品），以检查设计意图是否都已实现。

④设计评审。设计评审是所做的正式的、综合的、系统的检查，并把检查结果写成文件，目的是评定设计要求和设计能力是否符合规定的要求，发现问题并提出解决的办法，从而为改进设计提供信息，使得设计更加完善。

⑤设计定型和投产。即把最终设计评审的结果纳入图纸与标准，并经有关管理部门批准。

⑥销售准备，状态评审。

⑦设计更改的控制。

⑧设计改进。定期根据产品使用情况，新工艺、新技术或者用户新要求对产品进行重新评价，以改进设计，满足用户要求，但应保证设计更改或改进不导致产品质量的下降。

（4）采购

由于外购的原材料、零部件直接影响产品质量，而社会化、专业化协作生产的发展，又致使外购材料和零部件比重越来越大，因此必须严格认真地控制采购质量。应注意控制下列八个方面：

①采购中所用标准、图纸应正确，合同格式和内容应完整、准确；

②选择好能满足质量要求和质量保证能力的合格供应方；

③应有质量保证协议，对供方的质量管理体系进行定期评价；

④应有关于检验或试验方法的协议，以求得抽样和检验方法的一致性和可比性；

⑤应有处理质量纠纷的规定，以便产生纠纷时能够按照规定程序协调处理；

⑥要有进货检验计划，确定进货检验水平和检验项目；

⑦收到物资应分别放好，注明标记，防止误用；

⑧做好进货质量记录及有关识别记录，以达到可追溯目的。

（5）生产与服务提供

依据质量活动过程受控的管理原理和要求，要保证生产和服务的提供。受控条件应包括：获得表述产品特性的信息；必要时获得作业指导书或服务规范；使用适宜的设备和设施；获得和使用监视及测量装置；实施监视和测量装置；实施监视与测量；交付和交付后活动的实施。

（6）监视和测量装置的控制

监视和测量装置主要是计量器具、测量设备与监控装置。其配置完善与否直接关系到质量管理体系的有效性，也直接涉及产品质量。为此，应：

①对产品的开发、制造、安装和维修中的全部测量系统进行必要的控制，以保证测量数据的正确性和可靠性；

②对计量器具、仪器、专门的实验装备以及有关的计算机软件进行控制，保证监测仪器的准确性和精密度；

③对影响产品或工艺特征的夹具、工装设备和工序监测仪器进行控制。

控制要点：

①适用的计量器具及其计量检定规程；

②计量器具的首次检定、校准与自动监测设备和软件的程序试验验证；

③对计量监测设备、仪表、器具的周期性检定和修理；

④计量器具的标志及其管理程序文件；

⑤计量器具的追溯性，即能追溯到国际或国家计量基准或标准。

必要时，还应对一些重要的供方单位的计量监测设备与监测方法进行控制，以保证计量监测数据的正确性和可靠性，减少或避免外购物资的质量问题。一旦发现测量过程失控或计量器具超差、失准，应立即采取纠正措施。

计量工作是质量管理的“眼睛”，为了进一步严密控制测试设备的精密度和准确度，ISO 10012《测量控制体系》对此作出了更加系统、详细的规定。

4．测量、分析和改进

组织应策划并实施以下方面所需的监视、测量、分析和改进过程：

①证实产品的符合性；

②确保质量管理体系的符合性；

③持续改进质量管理体系的有效性。

为此，应重点做好以下几项工作：

（1）监视和测量

1）质量管理体系的监视和测量。顾客满意度的测评是对质量管理体系业绩的一种测量。因此，应建立顾客满意度的测量系统。

同时，应按计划进行内部审核，以确定质量管理体系是否：

①符合质量管理体系要求；

②得到有效实施与保持。

2）过程的监视和测量。应采取适宜的方法对质量管理体系过程进行监视，并在适用时进行测量。当未能达到所策划的结果时，应采取纠正措施，以确保产品的符合性。

3）产品的监视和测量。应对产品的特性进行监视和测量，以验证产品要求得到满足。除非得到有关授权人员的批准，否则不得放行产品和交付服务。

（2）不合格产品

一旦发现物资、零部件或产成品不能满足和不可能满足规定要求时，就应按下列步骤采取不合格产品的控制和纠正措施。

①识别。即识别不合格品或不合格批，并记录发现不合格问题。

②隔离。把不合格产品与合格品隔离开，作出明显的识别标记，以防误用。

③评审。由指定的人员对不合格产品进行评审，以确定其能否让步接收、返修、返工、降级或报废。

④处置。按实际可能尽快处置不合格品，处置时应办理书面文件，说明具体理由和意见。

⑤采取措施。这些措施包括防止误用或错装，减少返工、返修和报废费用及返工（修）后重新检验，必要时，从仓库中、运输途中和用户处追回不合格品等。

⑥采取纠正措施，防止重复发生。即针对不合格产品的产生原因，采取相

应的纠正措施。

发生不合格的服务，一般应首先向顾客赔礼道歉，重新提供合格服务，然后再分析产生原因，采取相应的纠正措施，以防止不合格服务重复发生。

一般来说，从质量审核、管理评审、顾客投诉、市场反馈及生产过程中的不合格报告中获知不合格（即质量问题）后，应立即就其严重性进行评价。调查产生不合格的原因，运用统计方法分析质量问题，确定其根本原因与一般原因，以采取各种技术与管理措施，消除这些原因，并把这些有效措施纳入有关质量管理体系文件之中，以巩固成效，实现过程控制目的。

（3）数据分析

应确定、收集和分析来自监视和测量的结果及其他来源的数据，以提供下列信息：

①顾客是否满意；

②产品是否符合要求；

③过程和产品的特性及其发展趋势；

④供方是否合格等。

从而证实质量管理体系的适宜性和有效性，并评价在何处可进行质量管理体系的持续改进。为了保证数据分析的科学性，应积极推广应用排列图、因果图、回归分析、控制图与统计抽样等统计技术。

（4）持续改进

应通过质量方针、质量目标、审核结果、数据分析、纠正和预防措施以及管理评审，持续改进质量管理体系的有效性。持续改进的主要办法是纠正措施和预防措施。

2.3 七项质量管理原则

2015版ISO 9001与2008版对比，发生了较大的变化，其中八项质量管理原则减为七项。具体是：

1. 以顾客为关注焦点

以顾客为焦点是指公司依存于顾客，公司应理解顾客当前和未来的需求，满足顾客要求并争取超越顾客期望。质量管理的主要关注点就是满足顾客要求并且努力超越顾客的期望。

其理论依据是：组织只有赢得顾客和其他相关方的信任才能获得持续成功，与顾客相互作用的每个方面，都提供了为顾客创造更多价值的机会。理解顾客和其他相关方当前和未来的需求，有助于组织的持续成功。

可获得的主要收益是：增加顾客价值；提高顾客满意；增进顾客忠诚；增加重复性业务；提高组织的声誉；扩展顾客群；增加收入和市场份额。

可开展的活动为：了解从组织获得价值的直接和间接顾客；了解顾客当前和

未来的需求和期望；将组织的目标与顾客的需求和期望联系起来；将顾客的需求和期望，在整个组织内予以沟通；为满足顾客的需求和期望，对产品和服务进行策划、设计、开发、生产、支付和支持；测量和监视顾客满意度，并采取适当措施；确定有可能影响到顾客满意度的相关方的需求和期望，确定并采取措施；积极管理与顾客的关系，以实现持续成功。

2．领导作用

领导作用是指领导者确立公司统一的宗旨和方向，创造并保持使员工能充分参与实现公司目标的内部环境。

其理论依据是：统一的宗旨和方向，以及全员参与，能够使组织将战略、方针、过程和资源保持一致，以实现其目标。

可获得的主要收益是：提高实现组织质量目标的有效性和效率；组织的过程更加协调；改善组织各层次、各职能间的沟通；开发和提高组织及其人员的能力，以获得期望的结果。

可开展的活动为：在整个组织内，就其使命、愿景、战略、方针和过程进行沟通；在组织的所有层次创建并保持共同的价值观和公平道德的行为模式；培育诚信和正直的文化；鼓励在整个组织范围内履行对质量的承诺；确保各级领导者成为组织人员中的实际楷模；为组织人员提供履行职责所需的资源、培训和权限；激发、鼓励和表彰员工的贡献。

3．全员参与

全员参与指各级人员都是公司之本，只有他们的充分参与，才能使他们的才干为公司带来收益。整个组织内各级人员的胜任、授权和参与，是提高组织创造价值和提高价值能力的必要条件。

其理论依据是：为了高效地管理组织，各级人员得到尊重并参与其中是极其重要的。通过表彰、授权和提高能力，促进在实现组织的质量目标过程中的全员参与。

可获得的主要收益是：通过组织内人员对质量目标的深入理解和内在动力的激发以实现其目标；在改进活动中，提高人员的参与程度；促进个人发展、主动性和创造力；提高员工的满意度；增强整个组织的信任和协作；促进整个组织对共同价值观和文化的关注。

可开展的活动为：与员工沟通，以增进他们对个人贡献的重要性的认识；促进整个组织的协作；提倡公开讨论，分享知识和经验；让员工确定工作中的制约因素，毫不犹豫地主动参与；赞赏和表彰员工的贡献、钻研精神和进步；针对个人目标进行绩效的自我评价；为评估员工的满意度和沟通结果进行调查，并采取适当的措施。

4．过程方法

过程方法指当活动被作为相互关联的功能和过程进行系统管理时，可更加有效和高效地始终得到预期的结果。

其理论依据是：质量管理体系是由相互关联的过程所组成。理解体系是如何产生结果的，能够使组织尽可能地完善体系和绩效。

可获得的主要收益是：提高关注关键过程和改进机会的能力；通过协调一致的过程体系，始终得到预期的结果；通过过程的有效管理、资源的高效利用及职能交叉障碍的减少，尽可能提高绩效；使组织能够向相关方提供关于其一致性、有效性和效率方面的信任。

可开展的活动为：确定体系和过程需要达到的目标；为管理过程确定职责、权限和义务；了解组织的能力，事先确定资源约束条件；确定过程相互依赖的关系，分析个别过程的变更对整个体系的影响；对体系的过程及其相互关系继续管理，高效地实现组织的质量目标；确保获得过程运行和改进的必要信息，并监视、分析和评价整个体系的绩效；对能影响过程输出和质量管理体系整个结果的风险进行管理。

5．改进

改进是指成功的组织总是致力于持续改进。

其理论依据是：改进对于组织保持当前的业绩水平，对其内外部条件的变化做出反应并创造新的机会都是非常必要的。

可获得的主要收益是：改进过程绩效、组织能力和顾客满意度；增强对调查和确定基本原因以及后续的预防和纠正措施的关注；提高对内外部的风险和机会的预测和反应能力；增加对增长性和突破性改进的考虑；通过加强学习实现改进、增加改革的动力。

可开展的活动为：促进在组织的所有层次建立改进目标；对各层次员工进行培训，使其懂得如何应用基本工具和方法实现改进目标；确保员工有能力成功地制定和完成改进项目；开发和部署整个组织实施的改进项目；跟踪、评审和审核改进项目的计划、实施、完成和结果；将新产品开发或产品、服务和过程的更改都纳入到改进中予以考虑；赞赏和表彰改进。

6．基于事实的决策方法

基于数据和信息的分析和评价的决策更有可能产生期望的结果。

其理论依据是：决策是一个复杂的过程，并且总是包含一些不确定因素。它经常涉及多种类型和来源的输入及其解释，而这些解释可能是主观的。重要的是理解因果关系和潜在的非预期后果。对事实、证据和数据的分析可导致决策更加客观，因而更有信心。

可获得的主要收益是：改进决策过程；改进对实现目标的过程绩效和能力的评估；改进运行的有效性和效率；增加评审、挑战和改变意见和决策的能力；增加证实以往决策有效性的能力。

可开展的活动为：确定、测量和监视证实组织绩效的关键指标；使相关人员能够获得所需的全部数据；确保数据和信息足够准确、可靠和安全；使用适宜的方法对数据和信息进行分析和评价；确保人员对分析和评价所需的数据是胜任的；依据证据，权衡经验和直觉进行决策并采取措施。

7．关系管理

为了持续成功，组织需要管理与供方等相关方的关系。

其理论依据是：相关方影响组织的绩效。组织管理与所有相关方的关系，以最大限度地发挥其在组织绩效方面的作用。对供方及合作伙伴的关系网的管理是非常重要的。

可获得的主要收益是：通过对每一个与相关方有关的机会和限制的响应，提高组织及其相关方的绩效；对目标和价值观，与相关方有共同的理解；通过共享资源和能力，以及管理与质量有关的风险，增加为相关方创造价值的能力；使产品和服务形成稳定流动的、管理良好的供应链。

可开展的活动为：确定组织和相关方（例如：供方、合作伙伴、顾客、投资者、雇员或整个社会）的关系；确定需要优先管理的相关方的关系；建立权衡短期收益与长期考虑的关系；收集并与相关方共享信息、专业知识和资源；适当时，测量绩效并向相关方报告，以增加改进的主动性；与供方、合作伙伴及其他相关方共同开展开发和改进活动；鼓励和表彰供方与合作伙伴的改进和成绩。

本章小结

本章主要讲授了质量与质量管理的概念、质量管理的相关理论，以及质量管理七项基本原则；分析了质量管理的案例，有利于学生全面理解和掌握质量管理的基本理论与基本知识。

思考题

1．简述质量与质量管理的定义。

2．质量管理的目标是什么？

3．简述质量管理七项基本原则。

4．质量管理的相关理论有哪些？

3

物业服务质量标准

本章要点及学习目标

通过本章学习，要求学生掌握物业服务的概念、类型与特性，掌握物业服务质量标准的内涵、内容及制定注意事项。

案例导入

FM&RBA的全周期全天候园区维护管理

龙湖物业管理的小区不只有帅哥站岗、美女客服、严谨的工程师傅和永远笑脸迎人的清洁大姐，在各个公共区域的配电室、发电机、电梯、消防器材等各类设施设备中，同样有暗暗守卫各个园区的物业人员。这些设备，在2015年一年的紧张铺设后，均有了自己的“身份证”。这就是我们的“主角”——FM（设施设备管理系统）和RBA（设施设备监控系统）。在FM赋予每个设备专有的身份证明后，RBA就开始履行设施设备“贴身管家”的职责：通过物联网，给每一个配电箱、水泵、变压器等设施设备安装传感器，读取关键数据，如电压、水压、设备温度等，自动生成运行记录。厉害的是，一旦这些读数超过设置的预警值，便立即反馈到集成指挥中心的监控大屏上。集成指挥中心在第一轮分辨后，会立即为工程人员派单，第一时间进行设备维护，也可以直接由RBA把报警信息分发给维修的工程师。

然而在这样一套智慧设备的背后是巨大的投入，为此，龙湖物业已投入数百万的建设基金。但这也为园区的正常运行提供了关键的、重要的保障。

这项技术虽然才铺开一年，却相当牛气。通过各个设备“身份证”搜集到的大数据，能使我们比设备供应商更了解它的产品，知道哪一个品牌的设施设备在什么阶段可能会出现什么故障，就能对此进行提前防控。

如，龙湖物业管理的电梯台均故障率远低于行业平均水平。在提供专业且精准的数据给供应商进行产品优化整改的同时，更能提升园区设备运行的可靠性及安全性。由此可见，基于大数据的预见性维护策略，是一种更高级的预防性维护模式。

案例来源：龙湖地产网站

3.1 物业服务概述

3.1.1 物业服务的概念

我国对物业服务概念尚未有明确定义，目前学术界对“物业管理”和“物业服务”的关系也尚未有明确的区分，有些学者认为“物业服务”就是“物业管理”，也有一些学者认为“物业管理”与“物业服务”在主体、性质、法律关系内容上都有较大区别，不可混为一谈。

根据《物业管理条例》的规定：物业管理是指业主通过选聘物业服务企业，由业主和物业服务企业按照物业服务合同约定，对房屋及配套的设施设备和相关场地进行维修、养护、管理，维护物业管理区域内的环境卫生和相关秩序的活动。

根据物业服务的属性和物业服务实践，编者认为，物业服务是指专门的机构受物业所有人的委托，按照国家法律以及合同约定行使管理权，运用现代管理科学和先进的技术对已投入使用的物业以经营的方式进行管理，同时对物业的环境、清洁卫生、安全保卫、公共绿化、道路养护等统一实施专业化管理，向业主或租户提供多方面的综合性服务并收取物业服务费。其最终目的是实现社会、经济、环境效应的同步增长。

3.1.2 公共产品理论与物业服务的属性

1．公共产品理论

现代公共产品理论的正式形成是随着美国经济学家保罗·萨缪尔森（Paul A Samuelson）对公共产品经典定义的完成而确定。1954年保罗·萨缪尔森在著名的《公共支出的纯粹理论》中对公共产品进行了经典定义，他认为，公共产品是每个人对它的消费不会减少他人对该产品的消费量的产品。简言之，公共产品一般指的是具有“非竞争性”和“非排他性”两个特征的产品。其后，以马斯格雷夫（Richard Abel Musgrave）、布坎南（James M. Buchanan）等为代表的学者从物品“非排他性”和“非竞争性”的强弱出发，对保罗·萨缪尔森的经典定义进行了拓展，进一步丰富了现代西方公共产品理论体系。他们结合现实实际情况，提出了准公共产品概念。他们认为同时具有“非排他性”和“非竞争性”的纯公共产品在现实生活中是很难找到的，广义的公共产品应该既包括纯公共产品，又包括具有有限“非竞争性”或有限“非排他性”的准公共产品。

西方经济学理论对公共产品的界定主要是根据物品在消费过程中是否具有“排他性”或“竞争性”来划分类别，其中同时具有“非竞争性”和“非排他性”的物品称为公共产品，具有有限“非竞争性”或有限“非排他性”的称为准公共产品。其中，“非竞争性”是指一个人对于某一产品的消费并不减少或不影响其他人同时对它的消费，“非排他性”是指一种产品一旦生产出来，无论是否支付了费用，任何人都可消费。

2．物业服务的准公共产品属性

根据公共产品理论和物业服务的产品特征，可推知物业服务属于一种准公共产品，因为从理论上看来，物业服务具有准公共产品的相应特征。首先，物业服务具有有限“非排他性”。在公共环境、安全护卫以及社区秩序等方面提供的服务无法按照谁付款谁受益的原则，限定给某些业主享受，小区的业主不管付费与否，都能同时享受这些服务。但是，这些服务对于小区外的人来说则是排他的，因此，物业服务具有局部的排他性。其次，物业服务具有有限“非竞争性”。在一定的消费容量下，对于物业服务者提供的公共服务，不付费业主的“搭便车”行为不影响付费业主的使用效果。但是，当消费人员超过一定规模后就会产生拥挤效应，因此，物业服务具有一定的竞争性。总之，物业服务具有有限“非排他性”和有限“非竞争性”特征，属于准公共产品。

3.1.3 物业服务的特点

1. 公共性和综合性

物业服务企业与业主之间基于物业服务合同形成交易关系，双方交易的标的物是物业管理与服务。由于物业管理的重点是物业的共用部位和共用设施设备，而物业的共用部位和共用设施设备不为单一的业主所拥有，而是由物业管理区域内的全体业主或部分业主共同所有，这就使得物业管理与服务有别于为单一客户提供的特约服务，而具有为某一特定社会群体提供服务产品的公共性。

从物业服务合同的内容来看，物业服务企业与业主约定的物业管理事项具有综合性，不仅包括对物业共用部位和共用设施设备进行维修、养护，而且包括对物业管理区域内绿化、清洁、交通、车辆等秩序的维护，这就使得物业管理与服务有别于业主与专业公司之间的专项服务业务委托。

2. 广泛性和差异性

物业管理与服务的公共性决定了其受益主体的广泛性和差异性，这是物业服务合同区别于一般委托合同的显著特点。物业服务合同中的服务内容、服务标准、服务期限，双方当事人的权利和义务、违约责任等约定，必须是全体业主的合意。但对于业主群体来讲，很难实现所有业主认识完全一致，总会有部分业主或个别业主持有异议，使得物业服务具有广泛性和差异性。

3. 即时性和无形性

一般有形商品的生产、流通和消费环节彼此独立且较为清晰，而物业管理与服务并不存在流通环节，且生产和消费处于同一过程之中，这就使得物业服务企业必须随时满足业主客观上存在的物业服务需求。

服务产品具有无形性，物业管理服务也具有无形性。这个特征决定作为物业服务消费者的业主，难以像有形产品的消费者那样感到物业服务的存在。

4. 持续性和长期性

与一般合同标的不同，物业管理服务的提供是一个持续的不间断的过程。物业服务企业必须保证物业共用部位的长时间完好和共用设施设备的全天候运行，在物业服务合同有效期内的任何服务中断，都有可能导致业主的投诉和违约的追究。

物业管理服务的持续性和更换物业服务企业的巨大成本，使得物业服务合同的期限一般较长，这对保证物业服务质量的稳定和改善客户关系较有利，同时也要求物业服务企业必须长时间接受客户的监管和考验。

3.1.4 物业服务的类型

根据不同的分类标准，物业服务具有不同的类型。常见的分类一般为根据物业的使用特征、物业的经济价值、物业服务的性质进行划分。

1．根据物业的使用特征分类

根据物业的使用特征来分类，物业服务可分为住宅小区物业服务、工厂（区）物业服务、写字楼物业服务、商贸楼（城）物业服务等。而针对不同类型的物业的管理，物业服务的内容和重点亦有所不同，如工厂（区）的管理侧重于确保水、电供应和区内道路的畅通，写字楼宇的管理则侧重于电梯管理、消防安全和安全保卫等。

2．根据物业的经济价值分类

根据物业的经济价值来分类，物业服务可以分为收益性物业服务和非收益性物业服务，收益性物业一般是指经营性房屋，它通过房屋的经营实现其经济价值，包括写字楼物业、零售商业物业、工厂物业等；非收益性物业则主要指向业主和使用者提供效用，作为经营辅助设施或消费品而使用的房屋，包括普通住宅物业、高校物业等。

3．根据物业服务的性质分类

根据物业服务的不同性质可分为常规物业服务、特色专项服务和委托特约服务。其中，常规物业服务是指物业服务企业根据物业服务合同约定，对房屋及配套的设施设备和相关场地进行修护、养护、维护和管理。特色专项服务是指物业服务企业为改善业主及租户的工作与居住环境，改善工作生活条件，而面向广大业主和租户的特定需求所提供的各项服务工作。委托特约物业服务是指物业服务企业为满足业主、物业使用人的个别需求受其委托而提供的服务。

4．物业服务的内容

（1）常规物业服务

常规物业服务属于物业服务的基础性服务，它是指物业服务企业按照法律法规的要求以及物业服务合同的约定，为全体业主提供的最基本的公共性服务，例如入住手续办理、装修申请登记、物业服务费的缴纳等。公共服务具有强制性的特点，服务对象是全体业主和物业使用人，单个业主或物业使用人在享受这些服务时既不需要事先提出或做出某种约定，也无法根据自己的喜好、意愿去选择是否接受该项服务，公共服务的成本包含在物业服务费中。

（2）专项服务

物业服务企业为改善和提高住户的工作、生活质量，满足住户的一定需要而提供的各项服务工作。其特点是物业服务企业事先设立服务项目，并公布服务内容与质量、收费标准等，业主可根据需要自行选择。专项服务实质上是一种业务，为业主提供工作、生活的方便，如代收水电费等。物业服务企业应根据所服务区域的基本状况和业主的需求以及自身的能力，开展全方位多层次的专项服务，并不断加以补充和拓展。

（3）特约服务

物业服务企业根据业主和住户需要，提供各类特约服务，这些通常都是有偿服务。如室内维修，代送奶送报，看护老人、病人、儿童，订票送票，代为购物，送货上门等。特约服务的基本原则：一是自愿性原则，业主可以根据个人喜好及需求来决定是否采购该服务，因此，特约服务的成本应该单独核算而不能纳入物业服务的公共成本当中；二是市场化原则，物业服务企业应当参照市场行情，制定特约服务价目表并提前向业主公示后，向业主有偿提供服务。

3.2 物业服务质量概述

3.2.1 物业服务质量

服务本质上就是要满足顾客的需求，应以服务质量作为核心和出发点。而对于物业服务质量，应体现出“以房屋建筑为中心，以业主或者物业使用人为主体，以业主或者物业使用人的感受为基准”的服务理念。由此可见，物业服务的各项工作构成了一条服务链，最终由物业服务人员将满意的服务提供给业主或者物业使用人。

根据服务质量的定义，我们可以将物业服务质量界定为以房屋质量为中心的物业服务，满足于业主或者物业使用人“明确的”或者“潜在的”需求程度。它取决于业主或者物业使用人对物业服务的预期与实际可感知的物业服务水平的对比。鉴于物业服务是无形的，且服务的生产与消费的同时性，物业服务质量是业主或者物业使用人直接感受的对象，所以物业服务质量的提高需要形成有效的沟通管理和服务系统，满足业主和物业使用人物业服务的需求。从这个角度来讲，物业服务质量就是物业服务企业所提供的能够满足于业主或者物业使用人“明确的”和“潜在的”需求的能力和程度的总和。

3.2.2 物业服务质量的类型

1．常规性服务质量

常规性服务质量的好坏体现在物业服务企业的最基本的物业管理与服务上，物业服务应当保证提高这类服务的品质，保证物业的完好和正常使用，保证业主正常的生活环境和工作秩序。

2．专项性服务质量

专项性服务质量的好坏表现在为业主提供的代理服务的好坏，体现在广大的业主和物业使用人对物业服务活动的感受，最重要的是业主与物业使用人及单位的满意程度。

3．特约性服务质量

特约性服务质量表现在要尽量满足业主的个别委托服务，并提供满足需求的优质服务。

3.2.3 物业服务质量的特性

1．物业服务生产与消费的同时性

在一般的生产商品过程中，生产在前，消费在后。只有当企业的产品进入市场交换时才是真正意义上的商品，消费者对商品质量的真正感受是在实际使用阶段发生的。鉴于这一特性，在生产性企业中，通过内部的质量检验，在生产的最后阶段把不合格的产品鉴别出来，禁止出厂，从而取得对商品质量控制的主动权。服务行业中带有生产内容的产品也可以如此，如在饭店，当一道菜肴不好时，可以在端上客人餐桌前撤换下来，消费者吃到的菜肴是经过厨师检验的合格产品，消费者并不知道也不会过问生产阶段的具体情况。

物业服务则属于另外一种情况。它提供的是一种服务，如果将管理比作生产的话，那么在企业生产的同时，消费者就在享受你的产品（服务）。物业服务企业在安保值勤，消费者就在享受安保服务，物业服务企业在进行环境保洁，消费者就在享受清洁服务。服务与消费者面对面，同时开始，同时进行。这一个重要特点决定了企业的生产过程和质量情况都同时展现给消费者。物业服务企业的员工素质、服务水平、技术力量等会一览无余地让业主感受到和加以评判。如果某一个方面出现质量问题，业主马上就会感受到，并会提出意见。实事求是地说，生产也好，服务也好，企业完全不出现一点不合格产品或服务完全没有质量瑕疵是不现实的。但是服务行业企业无法提前预知，也无法把不合格的产品（服务）提前截留下来，只有当不合格产品（服务）产生后，甚至在接到消费者投诉后才知道，才能采取相应的措施，这就使物业服务企业对质量的控制处于相对被动的状态。物业服务质量控制的难点就在于此。

2．物业服务质量检测的过程性

一般的生产性产品，只要制造结束，其质量就不可改变了。如一台电视机，出厂时什么样就是什么样，其质量状态已无法改变，除非再修理改造才有可能改变它的质量性能。

物业服务是一种服务，这种服务具有过程性，过程长短由物业服务合同约定。由于物业服务的性质，在物业服务合同约定的时间内其产品（服务）的质量常常处于变动状态。可能是逐步变好，也可能逐步变差，每一个具体的时间段内，服务质量也可能发生变化。例如保洁员今天工作很好，明天就不一定好，上午秩序维护员正常工作，下午秩序维护员与客人发生争吵，引起客人投诉，质量就成了问题。此类事情，司空见惯。要在一个相当长的服务过程中保持质量的稳定，难度相当大。今天质量的稳定得以保证，明天则不然。可见物业服务的质量控制难度是非常大的。

但是物业服务也有两面性：一方面带来了质量控制的难度，另一方面又带来了质量的可塑性。业主不可能因为一件事不满意就“炒物业公司鱿鱼”。我们可以利用这个服务过程加强内部控制，让物业服务质量朝着好的方向发展。

过程也是机会，有过程就有机会改善管理。物业服务企业水平的高低其实并不完全在于是否出现质量问题，而是在于能否及时发现质量问题，以及能否在较短的时间内进行改变。没有质量问题的物业服务企业是不存在的，关键在于质量问题有多大，能否及时进行纠正。

3．物业服务质量要求的综合性

物业管理与服务工作的范围很广，多样且复杂，具有综合性。建筑与设备管理、安保管理、清洁管理等只是物业服务的主要内容，实际过程中的物业服务工作远远超出了这个范围，尤其在居住物业服务中，几乎没有不与物业服务相关的事。业主生病的照顾、节日的装饰庆贺、孩子的安全保护、灾害事件发生后的救护等，都离不开物业服务。

另外，物业服务主要是通过人与人的交流，即服务人员与服务对象的交流而实现的。服务对象的多样性、复杂性给服务者带来了困难，业主的性格、脾气、爱好等各不相同，物业服务人员必须适应和满足各种不同服务对象的需求。但是物业服务人员本身也是各不相同，可能适应某些人的服务要求，但不一定适应另一部分人的服务要求。在一部分服务对象那里，某个人可能是优秀服务人员，而在另一部分服务对象那里就可能成为投诉对象，这种情况也是常见的。

在一般的商品交换中，供需双方互相选择的余地较大，供需双方都可以自主决定是否进行交易。在一般的服务行业中，服务需求者与服务者之间相互选择的余地也比较大。例如对某个饭店的服务有意见，可以选择不再去那个饭店。因为这种服务是一次性的、短暂的，容易改变的。而物业服务却不同，物业服务合同是发展商或业主委员会与物业服务企业签订的，当物业管理服务合同签订后，在合同期限内是固定的、不变的。供需双方中的某一个体，没有自主选择和调整对方的权利。如果某个业主对某一物业服务人员有意见，作为业主个人是无法终止物业服务合同的，他必须接受该服务者继续提供的服务，必须忍让，除非出现合同约定的提前终止情况。同样，物业服务企业的管理者，也不能认为某个业主素质差、难服务，如不缴纳管理费、乱倒垃圾等，就把这个业主从服务对象中划出去，必须继续为这个业主提供服务。因此，有意见的双方都只能妥协，在有意见的气氛中继续服务，继续消费，继续摩擦，直至合同到期。这种特点，既增加了物业服务企业服务的难度，同时也给物业服务企业改进管理方法，改善与业主的关系，提供了时间和机会。

4．物业服务质量塑造的全员性

以业主满意作为管理服务的出发点和归宿，争取零缺点、无瑕疵服务是物业服务的特色，因此，物业服务质量对员工素质有严格的要求。员工素质会直接影响服务的及时性、有效性，而物业服务质量的评价又是以主观为主，主观与客观相结合进行的，这就使得服务质量的提供者——服务人员的素质对物业服务质量具有很大的影响，使物业服务质量对员工素质具有较强的依赖性。

物业服务质量的形成需要全体服务人员的参与和协调。不仅一线的客户服务人员、秩序维护员、保洁人员会影响物业服务质量，而且二线的营销策划人员、后勤人员对一线人员的支持也会影响物业服务质量。因此，物业服务质量不仅依赖于物业服务企业员工的素质，还和物业服务的全体人员整体性相关。例如在社区物业服务过程中，某一个安保人员或保洁人员服务意识差，会造成物业服务过程中的服务质量不佳，业主就会对物业服务产生不良的印象，就算物业服务其他方面做得再好，还是会让业主对物业服务企业产生坏的印象。此外，物业服务质量也与营销、后勤等二线人员相关。二线人员利用各种技术手段，宣传、营造、弥补物业服务的缺陷，给物业服务一线人员以支持，提高业主对物业服务的感知度，缩小物业服务质量和业主感知之间的差距，从而提高业主的满意度。

物业服务质量对物业服务提供者的素质具有依赖性，同时与服务组织整体的质量相关。因此，物业服务质量具有全员性。在物业服务的过程中，物业服务企业应注重服务者素质的培训、提高与发展，使服务者的服务与组织目标相适应，与服务对象相适应。

3.3 物业服务质量标准概述

世界经济正由“制造经济”向“服务经济”发展，物业管理是服务实践，物业服务作为城市人居民生建设中重要的一项内容，也受到政府部门及社会公众的高度重视。物业服务企业提供的是无形且有偿的服务，业主随着自身收入的增加，对物业服务的要求会不断提高，因此统一物业服务质量标准，能够给物业服务企业以及业主提供更加准确、清晰的物业服务质量的评判准则。此外，物业服务行业要实现健康长久的发展，就必须规范整个行业的运作方式，从而使物业服务质量标准的设定具有重要的意义。

3.3.1 物业服务质量标准的内涵

服务质量是指对服务能够满足规定和潜在需求的特征和体系的总和，是指服务工作能够满足服务者需求的过程。服务质量标准则是在服务的基础上对质量水平的规范。而本章研究的重点即物业服务质量标准，指在物业管理与服务中，国家和物业行业协会为保证物业服务质量水平，制定和设立相关的法律法规以及服务准则。

一般来说，物业服务企业的标准体系可以分为服务标准、管理标准与工作标准三个部分。服务标准，即服务规范，是企业标准化运作的基础与主体，是衡量判断物业服务效果的准则。

目前我国物业服务企业大多推行ISO 9001：2000质量管理体系，其核心思想是对物业管理服务进行持续有效的改进。物业服务企业通过对服务提供过程的控制以及对服务结果的监视与测量，实现企业在不同阶段的质量目标，最终获得物业服务企业市场竞争力的提升。在这一质量管理体系推行的过程中，应当注意，由于各类物业服务企业主体的差异性与服务地区发展水平的不同，在运用该标准体系时，首先要制定符合本企业实际发展情况的管理标准与工作标准，在此基础上，结合ISO 9001：2000质量管理标准，最终确立具有本企业特色的服务质量标准。这一标准主要应用于企业自身管理。物业服务的对象是业主，为方便业主对物业服务进行公正有效的评价，基本的物业服务质量标准是必不可少的，本章探讨的就是特殊服务标准下的一般评价准则。

3.3.2 物业服务质量标准的内容

物业服务质量标准主要是由常规性物业服务标准、专项性服务质量标准和特约性服务质量标准三个部分组成，因此物业服务质量标准的制定，应从这三个方面着手进行。

1. 常规性物业服务标准

常规性物业服务质量标准的设定应该细分到各个基本服务项目，满足物业服务质量标准设定的完备性与可使用性的原则要求。

（1）环境卫生

环境卫生应该从户外道路、场地卫生、楼宇内清洁、楼宇外观、垃圾清理、污水排放与卫生安全等方面入手。由专业保洁人员负责，实施定期清扫保洁制，无卫生死角、无明显可见垃圾、散落垃圾，符合国家居住环境卫生标准，保洁率达到85%以上。

（2）安保消防

物业服务企业应该设立安保部门，对小区治安进行严格管理，严格监控小区出入人员，设立24小时执勤人员，为业主提供良好的治安环境。要对小区车辆进行管理，保证消防通道畅通，对消防设备定期排查，保证消防设备的可用性。

（3）绿化管理

物业服务企业要进行合理的绿化布局，定期进行绿化养护，灭虫撒药，保证较高的绿化覆盖率。

（4）维修服务

物业服务企业要保证公共设施的完好率，定期对公共设施设备进行日常的维修与养护，同时要保证维修的及时性与较高的维修质量。

（5）员工素质

物业服务企业员工要注意仪容仪表，接受职业培训，掌握基本的职业技能与行为规范后，方可上岗。同时，公司要注意提高物业服务人员的服务意识与服务态度，提高员工的应变能力与沟通能力，保证物业服务企业的服务水平。

2. 专项性服务评价标准

专项性服务评价标准要注意以下几个方面。

首先，在开展专项服务前，物业服务企业要将服务范围和收费标准公示给业主或用户，服务内容要符合物业管理相关的法律法规。

其次，要制定针对性专项服务管理制度，明确为业主提供针对性服务的程序、环节与操作流程。在接到业主报修后，要对维修责任进行甄别，告知业主有关针对性服务的费用标准与零配件的购置情况，并指派员工到业主处进行维修。

最后，要认真完成开具收费单据及发票处理等环节。

物业行业有关专项性物业服务质量的评价标准，主要基于服务程序的完整度以及服务后期业主与租户的满意度。因此，要进行必要的服务反馈，收集业主与用户的满意情况，对服务质量进行评价，只有满意度达到总服务量的90%以上，才能认为物业服务质量达标。

3．委托性特约物业服务的评价标准

委托性特约物业服务的评价主要立足于两个维度。一是服务的时间维度，即服务的及时性。对于特约性服务，物业服务人员在为业主或租户服务前，必须确定服务的时间与周期，是否在规定时间内完成服务将作为评价服务质量的重要标准。二是服务的成本维度，即服务的效用性。物业服务企业所提供的服务项目，除少数无偿部分外，其他服务项目都具有经营性，其目的是为了扩大物业服务企业的收入来源，推动物业服务企业的发展，并衍生更多经营服务项目。因此，特约服务已经成为一种经营模式。成本的投入对物业服务质量有着决定性的影响，所以服务的成本投入是物业服务质量标准的重要评价维度。

综上所述，物业服务质量标准应从常规性物业服务、专项性物业服务以及特约性物业服务三种服务类型来设定，同时应当结合物业服务企业的实际情况将标准具体化，最终达到规范行业服务行为的目的，实现物业行业服务质量的整体提高。

3.4 物业服务质量标准的制定原则

3.4.1 结合物业管理项目实际，以物业项目特点和业主需求为出发点

我国不同地区的物业服务行业的发展水平不同，所面临的实际情况也不同。因此，物业服务企业制定服务质量标准时需结合当地及物业项目特点，根据实际情况制定出符合项目特色的服务质量标准。

顾客是企业存在和发展的基础，市场竞争的实质是对顾客的争夺。物业服务企业亦应结合实际经营情况，从业主认知与体验的角度，深入探讨其业务流程的创新，通过满足业主的现有需求，发掘并满足其潜在需求，为业主提供良好的物业服务。同时要保证让业主需求与企业的股东、员工、供应商、政府及社会需求达到有机的平衡。

3.4.2 根据企业情况制定企业内人员全员参与标准

目前，我国很多物业服务企业都在推行ISO 9001：2000质量管理体系。但在

推行过程中需要注意的是，每个企业在建立质量管理体系之前都有一套自身的管理标准和工作标准。因此，在制定质量管理体系时，对已有的标准既不宜完全照搬，也不宜完全摒弃，而应根据企业自身的实际情况，理顺两者之间的关系，依据质量管理体系的原理，进行适当的取舍。同时，应加入ISO 9001质量管理体系的要求，系统地编制一个具有企业自身特色的质量标准。

为达到预期的目标，企业制定标准必须结合各个部门的职能，明确过程之间的接口关系，评估过程的风险、顺序及对业主、供应商和企业有关利益各方的影响。企业标准的制定和执行不应依赖于某一个人的意志，而应群策群力。这样不仅能够集中众人的智慧制定出更加完善的标准，也能让所有的物业服务人员产生更大的凝聚力，从而保证服务质量，也保证服务的统一性。

通过参与标准的制定，一方面可以深化员工服务意识和质量管理意识，使员工认识到自己在整个物业管理服务质量标准化过程中的责任，端正员工工作态度，激发员工工作热情，让员工发自内心的为业主服务，而不是为服务而服务。另一方面有助于员工明确职责、操作规程、作业流程、验收准则、检验规范等服务规范，即知道要做什么和怎么做，这是物业管理服务质量标准控制、企业质量管理体系得以充分执行的前提。

3.4.3 根据法律法规和各地方协会标准制定企业服务质量标准

物业服务质量标准必须符合物业管理服务的实际，使业主、物业服务企业、行政主管部门等都能接受。国家法律法规、规范明文规定的项目，服务质量标准应作为强制性要求，根据要求制定不同侧重点的服务标准，以使标准切实可行。

物业服务企业人员不仅要了解宪法、民法、合同法等法律，还需要学习物业服务行业相关的法律法规和地方性规定，例如《物业管理条例》、《物业服务收费管理办法》、《业主大会规则》等，此外，仍需要了解当地出台的各种物业管理条例实施细则，以便有针对性地制定出企业的服务质量标准。

3.4.4 必须考虑物业服务的特性

物业服务行业同其他服务性行业一样，具有以下特性：①周到性，物业服务人员要善于体察业主心理，想业主所想，急业主所急，帮业主所需；②文明性，物业服务人员要具有端庄的仪表，大方的言行举止，及友善的态度；③保密性，物业服务企业在某种程度上充当着业主的“管家”，必须注意保密，需要满足业主保密的要求；④安全性，安全是物业服务的首要任务，也是业主的基本需求，其内容包括安保、消防安全、电梯使用安全、设施设备的安全等；⑤时间性，包括及时、准时、省时三个要素，其内容包括报修（必须按照规定的时间内到场及修复）、投诉处理（必须在规定的期限内处置、反馈）等；⑥舒适性，其内容包括环境绿化养护、卫生保洁、空调、照明等；⑦经济性，物业服务企业按照资质等级合理定价，为业主提供质价相符的服务，并本着对业主和物业使用人负责的原则，努力降低成本，确保物业服务的良性循环。

3.4.5 标准化持续改进思想

在物业服务进行一段时间后，可进行业主满意度调查，建立开放的信息收集沟通反馈系统，对收集到的各类信息数据，依据科学分析的原则进行统计分析，查找问题。找到问题后，应分析产生问题的原因，制定相应的改进措施，确保质量目标的实施。在标准化持续改进思想的指导下，利用平时在各类检查活动、服务提供过程中收集到的信息和资料，分析服务的开展状况和内部管理水平，及时通报改进情况，提高业主满意度，提升企业品牌形象，加强企业的市场竞争力。

本章小结

本章主要讲授了物业服务概念、物业服务质量概念、物业服务质量标准，制定物业服务质量标准的注意事项。要求学生对物业服务质量标准具有理论层面的认识与了解。

思考题

1．简述物业服务和物业服务质量的概念。

2．简述物业服务的特点。

3．简述公共产品理论。

4．简述物业服务质量标准的内容。

5．简述物业服务质量标准的内涵。

4

物业服务质量管理

本章要点及学习目标

掌握物业服务全面质量管理的概念，了解全面质量管理的相关理论，了解物业管理全面质量管理的基本工作原则，熟悉全面质量管理的基础工作。

案例导入

世代相传的爱彼表

对爱彼表来说，所谓的好品质就是：好的可以世代相传。

1875 年由两个优秀的制表师傅Jules Audemars 和Edward Piguet 联合创立的爱彼表，百年来一直被认可是鉴赏级的名表，它的消费群体属于金字塔的顶端，与百达翡丽、伯爵表被世人赞为“三P”。

年产仅一万五千只

至今，爱彼表每年仍只生产一万五千只表，每只不含钻的表平均售价为一万五千美元。爱彼表的全球总裁乌古哈曾说：“市场广度不是必要的条件，被各高级钟表店及上层消费者所认同，才是最重要的。”

目前爱彼表的主要产品共分为三类：

（1）机械表及复杂功能表；

（2）男女款金表及钻表；

（3）皇家橡树型表。

乌古哈还说，爱彼表的特质就在于它总会有一些与众不同的表，而且每年一定有新表问世。

代理爱彼表已多年的贸易公司认为，爱彼表的生产一向是注重品质而不注重数量，所以会欣赏爱彼表的人并不是很多，但他们都有相当程度的艺术偏好。

一般来说，每一只爱彼表从头到尾都是手工打造完成的，包括制作最小及最薄的机械。所有零件前后都磨光了三次，第一次用钻石膏，然后是用木心，最后用母鹿皮。主机座及主机板等都有波纹并包上铑金属，而底盖内里是用手工磨成的圆形木纹。

通常在瑞士，一个学徒在钟表技术学校修完四年后，他便可以成为最好的钟表匠之一。但是爱彼表的师傅则需要再熬两年，才能被指派到超薄机械部门去工作。有了一年以上经验，他才能被托付制作更复杂的机械。

不折不扣的“制造者”

也正因为爱彼表的严格要求，所以大多数的制表业者，只被他们看成“装配者”。爱彼表的制表者才是不折不扣的“制造者”。他们所有的表都是一个个打造，并且在出厂前，每只已打造好的爱彼表必先在转轮上测试一个月，毫无误差才会出厂。

爱彼表自认主导着表界的潮流，并开创出制表工业的时尚。例如透明怀表、全世界最薄的表、第一个用Tourbillon机械方式做成的自动腕表。每一款在当时都有钟表业阶段性的象征意义。

还有Grande Complication，这只1989年吉尼斯世界纪录大全上登载、全世界最昂贵的镶钻表，一年只做出一只，每只定价35万美元，他的表面上有时针、分针、分叉状的秒针、万年历、日历、星期及月亮圆缺图，零组件多达四百个，都是靠老钟表师傅一双灵巧的手，将它们一一归位。

而师傅们能数十年如一日持久地工作着，乌古哈透露，秘诀在于他们找的是一群素质好的表匠，发放高额工资，并且让他们对工作有成就感，能欣赏自己的工作。

据估计，爱彼表师傅一周工作量为43个小时。爱彼表不设生产线，他们让老师傅了解到，他们手上完成的是一件件作品，而且一直有难度更高的挑战在等着他们。同时，自企业成立以来，每一只爱彼表都被赋予一个独有的号码，并且被确实纪录在企业档案中。这个独有的纪录，使表主得以查询该表的原始制造日期，并且任何零件，都可原厂取得。即使该机件已不复制造20年，爱彼表的表匠都会重新打制一个零件给他。

突出重要细节

一些重要的细节，爱彼表制造者尤其注重。如折叠式的带扣，一定要用18K白金来制。这是为了要有比黄金更高的硬度和更好的弹性，同时要求连接的螺丝也用18K 白金，目的是防止任何可能的腐蚀。至于钻表所使用的钻，爱彼表只选用无瑕钻来做材料，每一只镶钻及镶宝石的表都附有一本原厂保证书。

爱彼表有各种类型的表，可满足不同客户的需要。已占有今日爱彼表30%~35%份额的皇家橡树型表，是近年来爱彼表大力促销的表型。与其他厂牌相比较，爱彼表面临劳力士表的竞争。乌古哈认为：竞争之道在于多与消费者沟通，加强售后服务，以树立品牌形象。在美国，爱彼表用来赞助网球赛，在欧洲则赞助文化艺术活动。

历经过无数次冲击

乌古哈说，选对专业经销商并提前建立服务站，是爱彼表成功的主要因素。在瑞士总厂，乌古哈是两位总裁之一，负责对外业务，另一位是负责内部行政事务的总裁梅朗。乌古哈说：“常有人问他，企业有两位最高负责人，不是件很奇怪的事吗？”他总是回答说：“一点也不奇怪，两个人决定一件事比一个人还好。”这就像一艘船有两位船长，一个管动力，一个管方向，历经两次世界大战，无数次经济景气循环的起伏，以及来自日本石英表的冲击，爱彼表都一一挺过去了。就好像它坐落在瑞士，永远不变的工厂现址，还有那永远是由老师傅手工打造出来的表一样。爱彼表在追求高品质的信念上，有着它百年不变的执着。

案例来源：http：//wenku.baidu.com/view/5534a0105f0e7cd184253628.html?from=search

4.1 全面质量管理概述

4.1.1 全面质量管理定义

全面质量管理是从质量管理的共性出发，对质量管理工作的实质内容进行科学的分析、综合、抽象和概括，从中探索质量管理的客观规律，以指导人们在开展质量管理工作时按照客观规律办事。它是现代企业管理的中心环节，是进行质量管理的有效方法。

全面质量管理是一个组织以质量为中心，为保证和提高产品或服务质量，以全员参与为基础，在产品和服务的研究、规划、设计、制造、销售及售后等各个环节综合运用一整套的质量管理体系、手段和方法，通过使顾客满意和使本组织所有成员及社会整体受益而达到组织长期成功的目标的系统管理活动。全面质量管理的核心思想就是要求组织的一切活动均围绕着质量进行，集中体现了现代质量管理的理论体系和工作方法。

全面质量管理是一种系统管理活动。具体地说，就是组织企业全体员工和有关部门参与，将专业技术与经营管理结合在一起，综合运用现代科学和管理技术成果，控制影响产品质量的全过程和各因素，经济有效地研制、生产和提供用户满意的产品的系统管理活动。

全面质量管理是为了能在最经济的水平上，并考虑到充分满足用户要求的条件下进行市场研究、设计、生产和服务，把企业内部各部门的研制质量、维持质量和改进质量的活动构成一个有效的体系。全面质量管理理论首先在美国取得了巨大的成功，令世人瞩目。继而各国纷纷引进，并结合自身的国情加以改造，最终形成了世界性的全面质量管理大潮流。

4.1.2 全面质量管理的基本思想

全面质量管理的核心思想是组织的一切活动都围绕质量进行，它坚持“用户至上”原则，要求以用户为中心，一切为用户服务，使产品和服务的质量能够全方位地满足用户的需求。在实际实施过程中，强调事先控制，以预防为主，通过建立一套严密有效的质量管理体系，采用系统科学的质量管理方法，实施质量产生和形成全过程的质量管理，将质量隐患消除在产品形成过程的早期。全面质量管理的精髓在于保证基本质量的前提下对质量的持续改进，它突出强调人在质量管理中的作用，重视调动人的积极性，充分发挥人的主观能动效用。

4.1.3 全面质量管理的特点

全面质量管理的特点可以简单概括为“三全、一多样”。

1. 全员参与的质量管理

即指质量管理不是少数专职人员的事情，而是需要组织全体人员共同参与的一项集体性活动，并且要求组织全体成员在为实现共同的组织目标基础上，系统地、有计划地共同做好质量管理。要充分重视人的因素，加强对成员的质量教育，明确各职位的职责和职权，并针对相关要求进行考核，做到奖惩分明。为保证全员质量管理的有效性，必须做到以下几点：

（1）质量要始于教育，终于教育。通过教育提高全员的质量意识，牢固树立质量第一的思想，促进职工自觉参与质量保证和管理活动。同时还要通过持续的培训教育，使职工掌握必要的知识和技能，不断进行知识更新，使他们更加胜任本职工作。

（2）明确职责和职权。各单位和部门要为不同岗位的责任者制定明确的职责和职权，并注意接口和合作，这样才能保证全员密切配合，协调、高效地参与质量管理工作。

（3）开展各种质量管理活动。全员积极参与质量管理活动是保证质量的重要途径，特别是群众性的质量管理小组活动，可以充分调动职工的积极性，使他们发挥出的自己聪明才智，这也是全面质量管理的基本要求。

（4）奖惩分明。奖励对提高质量有突出贡献的人，可以引起员工对质量的重视。逐渐形成唯质量最重要的企业质量价值观，造就质量文化氛围，这是有效实施全面质量管理的必要基础。

2．全过程的质量管理

即在产品质量产生、形成和实现的整个过程，包括市场调研、产品开发、产品设计、生产制造、检验、包装、储运、销售和售后服务等全过程，对各个环节加以管理，在每一个环节都要保证产品和服务的质量，从而形成一个系统的、综合的质量管理工作体系，并强调预防为主，防检结合，重在提高。在实践中，要对全过程进行有效控制，应编制相应的质量程序文件并保证相关文件能够有效执行，同时对质量管理全过程进行质量策划，做好各个接口的质量控制。为保证全过程质量管理的有效控制，应该做到以下几点：

（1）编制程序文件。任何过程都是通过程序运作来完成的，因此编制科学有效的程序文件是保证过程控制的基础。ISO 9000标准明确要求供方必须编制程序文件。

（2）有效地执行程序文件。程序文件是反映过程和运作的有效指南，若只编制程序而不执行或错误地执行，都不会发挥程序文件的指南作用，也就不会保证全过程处于受控制的状态。ISO 9000标准要求供方具有实施质量体系并具备形成文件的程序，就是为了保证形成全过程的质量控制。

（3）质量策划。质量策划是为了更好地分析、掌握过程的特点和要求，并为此而制定相应的办法，最终更好地实施全过程控制。ISO 9000标准对质量策划同样有明确要求，这完全符合全面质量管理整体系统策划的原则。

（4）注意过程接口控制。有些质量活动是由很多小规模的过程连续作业完成的，还有些质量活动同时涉及不同类型的过程，这些情况都需要进行协调和衔接。如果不能密切配合，就无法做到全过程的有效控制。

3．全范围的质量管理

即强调以过程质量管理和工作质量来保证产品和服务的质量，在做好质量管理的同时，要求也要做好其他相关方面的管理工作。在进行全面质量管理的过程中，不仅仅要关注产品质量、服务质量、过程质量和工作质量等明确的质量因素，还要进行产量、成本和生产效率等方面的管理，从而保证质量管理的有效性，全面提高组织经营管理的质量和水平。因此，在全面质量管理过程中，必须建立完善的组织结构体系，明确职责分工和权限，针对不同情况、部门和职位配备必要的资源，建立有效可行的质量管理体系，通过领导的重视和全员的参与推动质量管理体系的有效实行。为保证全范围的有效性，应该着重注意以下几个方面：

（1）确立并明确管理职责和权限。一个单位或者组织是否协调并能有效运转，主要在于是否能够明确管理职责和职权，做到各司其职、各尽其责。

（2）建立有效的质量体系。要从全企业范围考虑如何通过系统工程对质量进行全方位控制。全企业范围的质量管理，必须包括健全的组织机构、文件程序控制过程，以及必要的资源配备。因此，有效的质量管理体系是全企业范围质量管理的根本保证。

（3）配备必要的资源。资源包括人力资源、物资及信息资源等。其中，人力资源强调智力资源比体力资源更重要。一个质量管理体系，如果只有组织结构、过程和程序，而没有必要的资源，是不健全的，也是无法运行的。因此，必要的资源是全企业范围质量管理的基础。

4．管理方法多样化的质量管理

全面、综合地运用多种方法进行质量管理，是科学质量管理的客观要求。随着现代化大生产和科学技术的发展，生产规模的扩大和生产效率的提高，对产品质量提出了越来越高的要求，而影响产品和服务质量的因素也越来越复杂，其中既有客观因素，又有主观因素；既有人的因素，又有物的因素；既有技术因素，又有管理因素；既有组织内部因素，又有组织外部因素。全面质量管理必须把众多的影响因素系统地控制起来，进行统筹管理，以多种方法来实现其目的。在运用和发展全面质量管理的科学方法时，应注意以下几点：

（1）尊重客观事实和数据。必须用事实和数据说话，才能解决有关质量的实质性问题。否则，只凭感觉或者经验不能准确反映质量问题的实质，反而可能造成错觉。

（2）广泛采用科学技术新成果。实行全面质量管理要求必须采用科学技术的最新成果，以满足大规模生产发展的需要。目前，全面质量管理已广泛采用了系统工程、价值工程、网络计划及运筹学等先进的科学管理技术和方法，同时也应用到一些以计算机为中心的检测技术和设备。

（3）注重实效，灵活运用。有些技术很适用于全面质量管理，所以必须结合实际情况，不要过于追求形式，否则将适得其反。特别是在采用各种统计技术和方法时，更要注重实效，灵活运用，不要搞得过于烦琐而让操作人员无所适从。

4.2 物业管理全面质量管理的基本工作原则

4.2.1 预防原则

在质量管理工作中，应严格贯彻预防原则，对于任何存在的可能对质量的产生、形成和保证等产生消极影响的因素都要防患于未然。在日常的物业管理活动中，即要求分清明显瑕疵和潜在瑕疵，并尽量减少明显瑕疵的出现，把问题解决于潜在瑕疵阶段，最大程度上减小瑕疵对物业管理服务质量的不良影响。

瑕疵分为明显瑕疵和潜在瑕疵，在某些条件下潜在瑕疵具有很强的向明显瑕疵转化的可能性，从而对企业质量管理体系造成巨大伤害。物业服务企业在日常工作中面临着方方面面的问题，不可预见的因素非常多，这就要求企业尽可能预见工作中可能发生的、对企业发展造成巨大消极影响的瑕疵，尽量在其暴露前加以解决或避免其出现。明显瑕疵和潜在瑕疵的关系可以用图4-1加以说明。明显瑕疵是工作统计中表现为损耗的瑕疵，它的出现已经对物业服务企业的服务质量造成消极影响。而潜在瑕疵则是存在于企业设备、环境、作业方式、思维方式、培训以及领导力等日常行动中，受到某种影响可能转化为明显瑕疵的因素。明显瑕疵和潜在瑕疵的存在和区分客观上要求物业服务企业必须加强对自身状况的分析，找出可能对服务质量体系造成影响的瑕疵，并对其加以处理。物业服务企业要控制可能成为转化条件的外部因素，同时减少企业内部质量不良的因素，进一步减少企业内部质量不良的活动，查找和杜绝潜在的质量不良状况。这样，对于物业服务企业的管理者而言，其要求更高。领导者必须时时警惕，及时记录瑕疵的相关情况和征兆，并及时加以处理，切实对质量管理体系进行持续的改善。

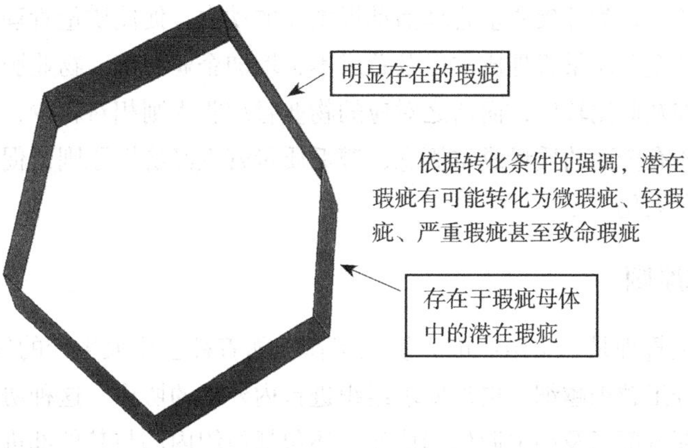
明显存在的瑕疵
依据转化条件的强调，潜在瑕疵有可能转化为微瑕疵、轻瑕疵、严重瑕疵甚至致命瑕疵
存在于瑕疵母体中的潜在瑕疵

图4-1 明显瑕疵与潜在瑕疵

4.2.2 经济原则

全面质量管理强调质量，要求组织的一切活动均要围绕满足顾客的需求这一原则进行。但是在保证质量的前提下必须考虑全面质量管理活动的经济性，划定合理适当的经济界限，保证在满足顾客需求的基础上，也能够满足组织利益等要求，实现全面质量管理的利益最大化。

提高经济效益的巨大潜力蕴藏在产品质量之中。“向质量要效益”也反映了质量与效益之间的内在联系。质量效益来源于消费者对产品的认同和支付。而在产品的设计、制造、销售、使用甚至报废的全过程中，质量损失的存在对质量效益产生了巨大影响，它涉及生产者、消费者乃至整个社会的利益。质量损失是指在产品的整个生命周期中，由于质量不满足规定的要求对生产者、使用者和社会所造成的全部损失的总和。质量波动会直接影响质量损失的大小，而质量波动是不可避免的，因此关键在于如何减小质量波动进而减少质量损失。

提高质量管理的经济性，坚持经济原则，涉及一个重要的概念就是质量成本。质量成本是企业生产总成本的一部分，它包括确保满意质量所发生的费用，以及未达到满意质量时所遭受的有形和无形损失，即质量成本是将产品质量保持在规定的质量水平上所需要的有关费用。质量成本有别于各种传统的成本概念，它既发生在企业内部，又发生在企业外部；既和满意质量有关，又和不良质量有关。其成本项目基本情况如图4-2所示。

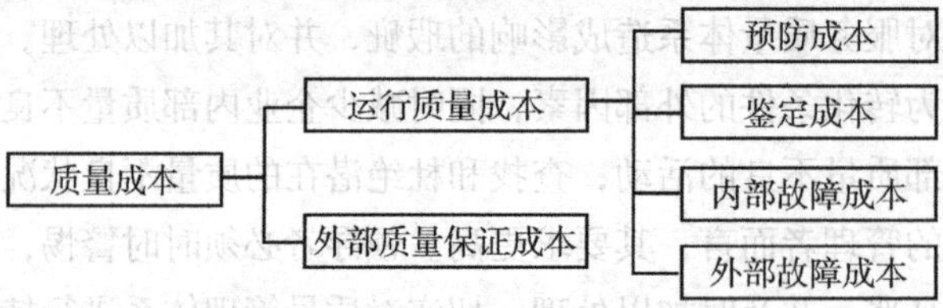

图4-2 质量成本构成图

通过质量成本分析与核算，可以使提高产品质量与提高企业经济效益达到有机的结合和统一，为开展质量管理活动提供新的动力，促使质量管理人员树立经济观念，降低企业质量管理成本以及总成本，增加企业利润。物业服务企业的日常管理工作涉及面比较广，而与之对应的物业管理收入则相对较少，因此在质量管理中更应该有全面的质量成本概念，遵循质量管理经济性原则，促使企业实现整体利润的最大化。

4.2.3 协作原则

全面质量管理是一个组织的系统性工作，随着社会化大生产的发展和成熟，生产和管理分工越来越细，更加要求组织进行内外部的协作。这种协作不仅包括企业组织内部各部门及相关职位的协作，还包括组织内部与其外部进行的协作。

全面质量管理的协作原则要求企业在实施全面质量管理时，必须调动其自身的物力、人力等各方面资源。企业内部不仅要有明确的分工，还要在分工的基础上进行协作和配合。协作原则强调和重视团队协作精神，其主要内涵包括以下三个方面。

首先，一个协作的团队必须要有共同的目标。在物业管理工作中，不同的团队有不同的目标：工程部的目标是物业管理区域内的维修以及日常巡视养护工作，保障区域内设备设施的正常运转，保洁部的目标则是保持整个管理区域内的环境卫生。当然，各部门整合起来又组成一个更大的团队——物业服务企业，它的目标则是管理区域内所有的物业管理工作。有了共同的目标，团队成员才能心往一处想，劲往一处使，做到“团结一心，其利断金”。

其次，团队内部成员要发挥其各自不同的优势。在管理活动中，团队每一个个体成员都未必是完美的，但是每个成员都有各自的长处，团队整体若要成功，就要善于发挥这些个体的长处和优势。例如，物业服务企业的一个维修班组里面既有水工也有电工，还有一些其他工种的综合工，每个成员都是一部分零件，共同构成了维修班组这台大机器，缺了任一零件都不能正常运转。每个成员既要了解自己的优点，也要承认别人的长处，需要彼此合作而不能越俎代庖，需要相互理解而不能嫉贤妒能。每个物业服务企业都有一些紧急情况处理预案，这些预案大部分都是按岗位制定的。比如最常见的火灾处理预案，报告火情后，谁去现场查看，谁来指挥，谁来报火警，谁来启动设备，谁来灭火，谁来救助人员以及物资，谁来切断火场电源，谁来保证消防用水，谁来拉起警戒等全部都有相应的安排，而这些工作不可能让一个人去完成。每个人都承担一部分责任，并且把自己的工作做好，那么完成一次这样的任务就会很顺利。

第三，协作原则要求团队进行有效的沟通。很多团队都因沟通不力而导致失败，因此准确有效的沟通对于团队来说至关重要。只有相互协作的人员和部门之间彼此进行了沟通，双方才能够了解到自己的工作给对方产生的作用和影响，同时能够使团队成员树立一个全局的观念，使个体工作能够自动地进行结合与衔接，共同朝着组织总目标的方向前进。物业服务企业与业主之间、企业内部员工之间、上下级之间、平行部门之间等，都需要进行准确的沟通。

4.2.4 循环原则

全面质量管理活动是一个不断循环的过程，PDCA质量环就非常明确地反映了这一原则。在全面质量管理活动中，计划（Plan）、执行计划（Do）、检查计划（Check）和采取行动（Action）是一个循环推进的过程。在质量产生和形成的整个过程中，各个阶段均具有PDCA质量环。

PDCA（P——Plan，计划；D——Do，执行；C——Check，检查；A——Act，处理）质量环在实行过程中主要包含以下步骤：

（1）计划阶段：看哪些问题需要改进，逐项列出，找出最需要改进的问题。

（2）执行阶段：实施改进，并收集相应的数据。

（3）检查阶段：对改进的效果进行评价，用数据说话，看实际结果与原定目标是否吻合。

（4）处理阶段：如果改进效果好，则加以推广；如果改进效果不好，则进行下一个循环。

PDCA循环的特点是：大环套小环，企业总部、车间、班组和员工都可进行PDCA循环，找出问题以寻求改进；阶梯式上升，第一循环结束后，则进入下一个更高级的循环；循环往复，永不停止。PDCA质量环强调连续改进质量，把产品和过程的改进看作一个永不停止的、不断获得进步的过程。

PDCA质量环以及其在物业管理中的应用如图4-3所示。

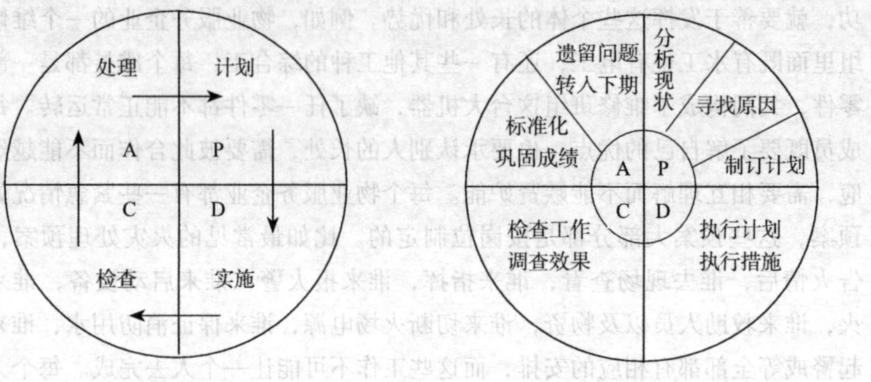

图4-3 质量循环管理图

4.3 物业管理全面质量管理的核心观点

4.3.1 预防为主的观点

好的产品质量首先是设计出来的，其次才有可能制造出来。不论是在保证产品质量方面还是在提高组织经济效益方面，以预防为主都是非常重要的。全面质量管理就是要把质量管理工作的重点从事后把关转移到事前预防上来，加强对过程的管理和控制，强调“第一次就把事情做对”，从源头上保证产品或服务的质量。

4.3.2 用户至上的观点

全面质量管理的核心就是为了满足用户的需求，最大程度地使用户满意。全面质量管理所要满足需求的用户不仅包括组织外部的用户还包括组织内部的用户以及组织本身。因此，要在组织各个工作环节中树立为下一道工序服务的思想，保证每道工序的质量都能满足下一道工序用户的质量要求。只有每一个工序质量要求都得到满足，最终才能达到终端用户的质量要求。

4.3.3 以质量求效益

传统质量管理理论中认为，质量管理只产生成本不产生效益，这种观点是错误的。其实，提高经济效益的巨大潜力正是蕴藏在产品质量中。一方面企业通过质量改进可以以较低的成本为企业获得可观的经济效益；另一方面改进质量可以大大提高用户的满意程度，增强用户的忠诚度，从而争取到更多的用户，扩大市场份额，使规模经济效益得到充分发挥。以质量求效益是现代企业取得长远发展和进步的必由之路。

4.3.4 一切用事实说话

凭事实说话即要求在全面质量管理中用实际数据对客观事物进行定量反映，通过对生产和经营过程中各种数据的收集、整理和分析，保证过程质量。

4.3.5 以零缺陷为目标

在全面质量管理中，人们强调“尽善尽美”，强调以零缺陷为工作目标。尽管这个目标可能无法实现，但其精神对于质量的保证至关重要。有了这种精神，人们才更有可能真正将一件事情做好。因此，以零缺陷为目标是降低成本、提高效益的重要保证。

4.3.6 其他相关观点

全面质量管理还包括其他一些观点，如重视质量成本、重视工作质量、注重团体合作、强调领导示范、加强质量控制、重视一线员工等。

4.4 物业管理全面质量管理的八项基础工作

4.4.1 标准化工作

所谓标准化是指为在一定范围内获得最佳秩序，对实际的和潜在的问题制定共同的和重复使用的规则的活动。标准化的主要内容就是标准化对象达到标准化状态的全部活动及其过程，它包括制定、发布和实施标准。标准化的目的在于追求一定范围内事物的最佳秩序和最佳表述，以期获得最佳的社会效益和经济效益。标准化工作是各项工作的基础，同时也是质量管理工作的基础。标准化工作应该做到权威性、科学性、连贯性、明确性和社会性。

没有规矩不成方圆。开展质量管理不能没有“标准”，要保证产品质量，必须做好标准化工作。标准是对重复性事物和观念所作的统一规定。它以科学、技术和实践经验的综合成果为基础，经过有关方面协商一致，由主管部门批准，以特定形式发布，作为共同遵守的准则和依据。按标准的对象来看，标准可以分为技术标准、管理标准和工作标准。

技术标准是指对标准化领域中需要协调统一的技术事项所制定的标准，是从事出产、建设及商品流通的一种共同遵守的技术依据。也就是说，技术标准是根据生产技术活动的经验和总结，作为技术上共同遵守的规则而制定的各项标准。技术标准是一个大类，可以进一步分为：基础性技术标准，产品标准，工艺标准，检测试验标准，设备标准，原材料、半成品、外购件标准，安全、卫生、环境保护标准等。

管理标准是指对标准化领域中需要协调统一的管理事项所制定的标准，是正确处理生产、交换、分配和消费的相互关系，使管理机构更好地行使计划、组织、指挥、协调和控制等管理职能，有效地组织和管理生产经营活动的依据和手段。管理标准主要是针对管理目标、管理项目、管理程序、管理方法和管理组织方面所作的规定。按照管理的不同层次和标准的适用范围，管理标准又可划分为管理基础标准、技术管理标准、经济管理标准、行政管理标准和生产经营管理标准五大类。

工作标准是指对标准化领域中需要协调统一的工作事项所制定的标准。它是对工作范围、构成、程序、要求、效果和检验方法等所作的规定，通常包括工作的范围和目的、工作的组织和构成、工作的程序和措施、工作的监督和质量要求、工作的效果与评价、相关工作的协作关系等。工作标准的对象主要是人。

4.4.2 计量工作

计量是实现单位统一、保障量值准确可靠的活动。具体地说，就是采用计量器具对物料以及生产过程中的各种特性和参数进行测量。因此，计量是企业生产的基础，计量工作是质量管理的基础性工作之一，没有计量工作的准确性，也就谈不上贯彻产品质量标准、保证产品质量，也谈不上质量管理的科学性和严肃性。

计量工作包括监测、化验和分析等各项工作，它是保证产品和服务质量的重要手段。计量工作的主要内容包括：

（1）正确合理地选择、使用计量器具与仪器。

（2）严格按照检验规程对所有计量器具进行检查、校验。

（3）及时修理和报废不合格的计量器具。

（4）不断改进计量器具和计量方法，实现检验测试手段的现代化。

4.4.3 质量信息工作

质量信息是反映产品质量和供产销各环节工作质量的基本数据、原始记录和产品或服务消费过程中反映出来的质量情况数据。它是进行质量管理的原始凭证，反映了影响产品质量的各方面因素和生产技术经营活动的原始状态、产品的使用情况以及国内外产品质量的发展动向。质量情报工作包括情报的收集、整理、分析和管理等。

质量信息是有关质量方面的有意义的数据，反映了产品质量和企业生产经营活动各个环节工作质量的信息。在企业内部，质量信息包括研制、设计、制造和检验等产品生产全过程的所有质量信息；在企业外部，质量信息包括市场以及用户有关产品使用过程的各种经济技术资料。

质量信息工作是组织开展质量管理活动的一种主要资源，为了确保质量管理活动的有效运行，应将质量情报工作作为一种基础资源进行管理。为此，组织主要应做到：

（1）识别信息需求。

（2）识别并获得内部外部的信息来源。

（3）将情报信息转化为组织有用的知识。

（4）利用数据信息知识来确定并实现组织的战略和目标。

（5）确保适宜的安全性和保密性。

（6）评估通过使用信息所获得的收益，以便对信息和知识进行管理。

4.4.4 质量职权划分工作

不论从事什么管理，进行职权划分，明确管理者的责任和权限，都是管理的一般原则，质量管理也不例外。质量职权划分是明确企业中每一个部门、每一个职位和每一项工作的具体任务、职责和权限，以便达到工作事情有人管，人人有专责，办事有标准，工作有检查、有考核，职责和功过分明，从而把与产品质量有关的各项工作和全体员工的积极性结合起来，使企业形成一个严密的质量责任系统。

建立质量责任制度，必须首先明确质量责任制度的实质是责、权、利的统一。质量职权划分中责、权必须依存，必须相当，同时也要和职工的利益挂钩，以起到鼓励和约束的作用。企业领导要对企业的质量工作负责，必须赋予其相应的决策权和指挥权；部门经理及主管要对本管辖范围出现的质量问题负责，必须赋予其相应的权力。同样，一个基层员工也要担负起相应的质量问题责任，有权按照规定使用设备和工具并对工作范围内的设施设备进行管理和利用，有权拒绝上一生产工序流传下来具有质量问题的半成品。同时要使其获得与工作绩效匹配的经济利益。质量职权划分的内容应当包括企业各级领导、职能部门和基层员工的质量责任以及横向联系和质量信息反馈的责任。

4.4.5 质量教育工作

产品质量的形成，不只是依靠机器设备、工艺和工具设备、原材料等物的因素，更重要的是人的因素。只有员工牢固树立了“质量第一”的思想和强烈的质量意识，对全面质量管理的重要性有了充分的认识，具备了一定的质量管理知识和技能，并且能够熟练地操作和掌握先进技术，才能保证和提高产品的质量。因此，为了动员和组织企业全体成员都能积极自觉地参加全面质量管理活动，关心和提高产品质量，应使企业领导人员和每一个基层员工，都必须接受全面质量管理的教育和训练。

推行全面质量管理，要强化质量管理教育，提高全员质量意识，动员广大员工积极参与到质量工作中来。要自始至终进行质量教育工作，通过教育克服轻视质量的倾向，树立质量第一的思想，使员工掌握全面质量管理的知识，学会科学的质量管理方法。物业服务企业实施全面质量管理，要对广大员工进行质量教育，必须本着“始于教育，终于教育”的理念，重点做好三个方面。

1. 提高员工“理性”认识

要利用多种媒体形式，广泛学习系列质量法规，宣传质量管理教育工作的重要意义，以此提高广大员工的“两个认识”，即：

（1）搞好质量管理教育，在提高人的素质的同时，提高企业素质，为企业提高管理服务质量、适应激烈的市场竞争提供素质保证。

（2）参与质量管理教育，学习质量管理知识和现代管理技术，掌握和运用科学管理方法，使全体员工在实际工作中尽量做到"更聪明地工作"。在提高企业管理服务质量和档次、增强市场竞争力的过程中，实现自身价值，增强每一个员工的竞争力。

2．转变员工"质量"观念

质量意识体现在对"质量"概念的理解上，不能正确地理解"质量"的含义，是导致质量问题的一个不可忽视的重要因素。要通过加强质量意识教育，引导企业管理者和基层员工正确理解和把握质量内涵。

（1）质量应贯穿于物业管理服务生产与提供周期的全过程。

（2）质量是设计生产出来的，不是检验出来的，是经过管理服务过程逐步形成的。

（3）质量必须是企业中每个员工不可推卸的责任。

（4）质量必须是企业的主要目标，提高质量可以提高利润。

（5）学习与实践，认识和参与是自始至终的要求。

3．更新员工"用户"观念

在"用户第一、用户至上"经营理念指导下，通过加强质量管理教育，引导员工树立企业内部用户观念，让每一个部门、每一个人都十分明确企业内部的用户是谁，了解用户有什么需求，工作的质量好坏对用户有什么影响，怎样使用户满意。建立良好的内部用户关系，上道工序为下道工序服务，让下道工序满意；后勤辅助为主体服务，让主体满意；机关为基层服务，让基层满意；整体为顾客服务，让顾客满意。在企业内部形成部门与部门之间、个人与个人之间互相配合、互相支持的协调关系，使每个员工对工作感到愉快、感到满意，从而提高工作效率，以较高的产品质量和优质服务来满足外部用户的需求。

从本质上来说，物业服务企业的用户（顾客）不仅仅指业主或物业的住用人，还应包括物业服务企业内部员工和其他的利益相关者。此处应该把用户这一概念进行广义化的理解。

物业服务企业用户的范围以及用户的分类观念可以用图4–4加以表示。

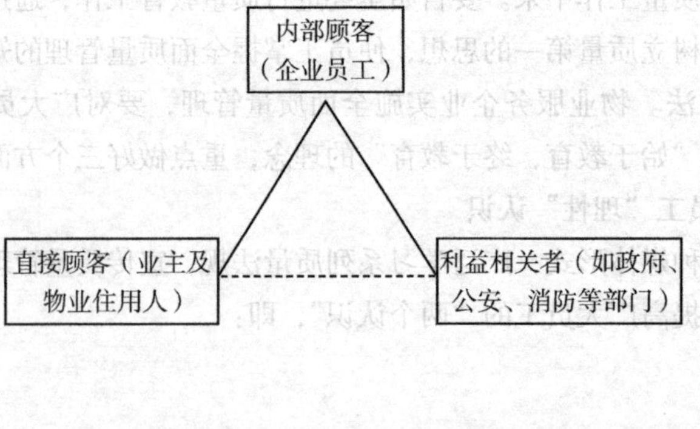

图4–4　物业服务企业顾客关系图

4.4.6 质量监督工作

质量监督是“为了确保满足规定的要求，对实体的状况进行连续的监视和验证，并对记录进行分析”，是指在全面质量管理过程中，对企业以及其内部领导和员工在实行质量管理体系方面的表现和行为进行观察和监督，保证质量管理体系切实得以实行。质量监督工作还包括对企业质量管理行为进行表扬或批评。

由于实体的范围很广，它包括了如活动或过程、产品、组织、体系或人以及上述各项的任何组合，因此质量监督的范围也很广。质量监督的依据是国家和省市有关产品质量的法律、法规及规章；国家标准、行业标准、地方标准以及国家规定制定的企业标准；以产品说明、实物样品等方式表明的质量状况；产品质量监督部门批准的产品质量检查方式或者质量评价规则。质量监督中“要求满足规定要求”是指满足标准规定的要求或经济合同、技术协议等质量约定和技术条件规定的要求。质量监督可以由国家实施，也可以由顾客或行业协会实施，甚至企业也可以对自身的质量进行质量监督。质量监督是一个过程，它包括观察、监视、抽查检验、分析、验证和控制等内容，这个过程可以是连续的，也可以是有一定频次的。

质量监督具有三个鲜明的特点：

（1）第三方的公正性

质量监督的执行部门是国家授权的法定机构，是国家标准化管理和质量管理的司法部门。它既不代表生产企业，也不代表使用部门和用户，具有第三方的公正性地位。

（2）具有法律的强制性

质量监督的依据是国家的法律、法规和产品的技术标准。在我国，标准一经公布并经企业采用后便具有法律的强制性。

（3）全面性

质量监督的范围是全面的，不仅包括对产品质量本身的检验，还包括对企业的服务质量和质量保证体系的条件进行评价。它是对生产、流通、分配和消费各过程进行全面的监察和督导。质量监督结果必须及时进行处理，同时，要从大量的现象中找出规律，查明造成偏差的原因，向有关部门及时发出信息。

4.4.7 质量保证工作

质量保证是按照全面质量管理体系要求，企业管理者和基层员工根据自身岗位职责和工作任务，对自己所负责区域的相关工作、相关流程以及产品或服务生产和形成的环节进行质量方面的保证，通过一定的程序或活动来保证不因自己所负责范围的工作或者流程影响企业整体质量目标和企业产品或服务的质量。

ISO 9000：2000标准对质量保证的定义是：“质量管理的一部分，致力于对达到质量要求提供信任的活动。”质量保证的核心是向人们提供足够的信任，使顾客和其他相关方确信组织的产品、过程或体系达到规定的质量要求。其实质上体现生产厂家和用户之间、上下工序之间的关系。它通过质量保证的有关文件或担保条件把生产者和用户联系起来，取得用户的信任，使用户对生产者所提供的产品和服务的质量确认可靠，生产者也可以以此提高产品的竞争能力，赢得更多的用户，获得更多的经济效益。为了提供质量保证，组织必须提供充分必要的证据和记录并在此基础上建立有效的质量保证体系。

根据目的的不同，质量保证可分为外部质量保证和内部质量保证两类。内部质量保证的主要目的是向组织的最高管理者提供信任，使组织的最高管理者确信组织的产品、过程或体系能够满足质量要求。为此，组织中应该有部分管理人员专门从事监督、验证和质量审核活动，以便及时发现质量控制中的薄弱环节，提出改进措施，促使质量控制能更有效地实施，从而使组织的最高管理者“放心”。但是随着人们对质量问题认识的进一步深化，组织的最高管理者也有向组织的全体员工提供信任的必要，这是建立全体员工对于组织质量管理的信息了解的主要活动。因此，内部质量保证是组织最高管理者实施质量活动的一种重要的管理手段。外部质量保证是在合同或其他外部条件下，向顾客或第三方提供信任，使顾客或第三方确信本组织已建立了完善的质量管理体系，对合同产品有一套完善的质量控制方案和办法，有信心相信组织提供的产品能达到合同所规定的质量要求。一般说来，外部质量保证必须要有证实文件。

4.4.8 质量改进工作

质量改进是指为向本组织及其顾客提供更多的收益，在整个组织内所采取的旨在提高活动和过程的效益和效率的各种措施。质量改进是全面质量管理的精髓，通常在质量控制的基础上进行。质量改进的基本途径是在组织内采取各种措施，不懈地寻找改进机会，通过采取纠正措施、预防措施，预防不良质量问题的出现，提高活动和过程的效益和效率。质量改进通过不断减少质量损失而为本组织和顾客提供更多的利益。质量改进活动涉及质量形成全过程及每一个环节，与过程中的每一项资源（如人员、资金、设备、设施、技术和方法等）有关。质量改进活动应有计划有组织地开展，调动每一个成员积极参与。其一般程序为计划、组织、分析诊断和实施改进。

质量是组织在竞争中取胜的重要手段，为了增强组织的竞争力，有必要进行持续的质量改进。为此，组织应确保质量管理体系能推动和促进持续的质量改进，使其质量管理工作的有效性和效率能使顾客满意，并为企业带来持久的效益。所谓有效性是指完成策划活动和达到策划结果的程度的度量。效率是指达到的结果与所使用的资源之间的关系。有效性和效率之间的关系对组织的管理活动而言是密不可分的。质量要求是多方面的，除了有效性和效率，还有可追溯性等。可追溯性是指追溯所考虑对象的历史、应用情况或所处场所的能力。当考虑对象为产品时，可追溯性可涉及原材料和零部件的来源、加工过程的历史、产品交付后的分布和场所等。为此，组织的质量管理活动必须追求持续的质量改进。

组织开展质量改进活动应当注意以下几点：

（1）质量改进是通过改进过程来实现的。组织产品服务质量的提高必须通过改进形成质量的过程来实现。

（2）质量改进致力于经常寻找改进机会，而不是等待问题暴露之后再捕捉机会。对于质量改进的识别主要基于组织对降低质量损失的考虑和与竞争对手比较中存在的差距。

（3）对质量损失的考虑依据三个方面的分析结果：顾客满意度、过程效率和社会损失。这三个方面的质量损失问题不仅给质量改进制造了机会，也为质量改进效果的评价提供了分析比较的依据。

本章小结

本章主要讲述了全面质量管理的定义、基本思想，全面质量管理的特点，要求学生了解全面质量管理的基本工作原则，掌握物业质量管理体系、物业管理全面质量管理的核心观点，熟悉物业管理全面质量管理八项基础工作。

思考题

1. 物业服务质量管理的定义、基本思想有哪些？
2. 简述全面质量管理的基本工作原则。
3. 简述物业管理全面质量管理的八项基础工作。
4. 物业管理全面质量管理的核心观点有哪些？

5

物业服务质量控制

本章要点及学习目标

通过本章的学习，要求掌握物业服务质量控制的概念、原则；了解和掌握简易质量控制方法、质量控制的步骤；熟悉工序质量控制工具——控制图及其基本原理以及质量控制工具的新发展。

案例导入

长城物业“一应云”智慧平台改变未来

有一个看似微小在我们看来却非常有意义的案例——2014年5月，长城物业在试行社商云系统定制C2B功能（线下体验、线上订购）时，在深圳两个社区发起库尔勒香梨订购活动，仅4天时间，销售6105斤，并受到小区业主的好评。这只是深刻变革的一个小窗口，小小香梨，投射出在社区服务方面开拓全新商业模式的成功跨越。

内外环境的急剧变化，让我们茫然、浮躁、焦虑……环境骤变，如何拥抱未来？目前，积极围绕社区构建生态圈已成为物业管理行业内众多企业突破发展困境的共识。长城物业在业内率先提出和实践“云物业服务”，并顺应趋势为社区打造了一颗酷睿的“芯”——一应云智慧平台，为行业提供值得尝试的转型升级整体解决方案。

变革缘起

在科技为王的时代，流行一种游戏规则：动则或死，不动则等亡。晚死不如早转，正是睿智企业的明智选择。

当今的科技发展尤其是IT技术的发展，使得人们的生产方式和企业商业模式都在发生颠覆性的变化。终其根本，这些变化都是游戏规则的改变。物业服务企业不能处于商业社会这种大潮之外而独处。

面对互联网尤其是移动互联网对传统物业管理行业的冲击，物业服务企业的经营环境越来越严峻，行业内企业间的相互竞争也越来越激烈。基于英特尔芯片的启示，长城物业集团期望能在社区植入这样的一种“芯”片，使得社区能够智慧起来，让社区里的居民能够便捷地生活，而提供社区服务的物业服务企业能够更高效地实施物业管理工作。因为，商业常识告诉我们，物业服务企业的所有转型升级都应以“一切为社区生活所需”为出发点和归宿。

社区已成为商家必争之地，而只有依靠物业服务企业，才能切实抵达社区、接触社区顾客、触及顾客心灵深处的需求，才能成为社区生活方式的蝶变进化引领者。以整合资源、合作共赢的理念，筑巢引凤，与物业服务企业共同创建物业生态圈和社商生态圈，同心协力挖掘并满足社区顾客多样化和个性化需求，共创共享生态圈价值，共同引领社区生活方式进化，是我们对社区商业理解的总体逻辑。生产要素成本快速上涨的趋势与现代科技快速发展的趋势是一种对冲趋势，也是一种互补的趋势，我们应充分顺应这两个“趋势”。

2012年，长城物业在研究集团战略时决定建立行业一应云生态圈（物业生态圈和社商生态圈），并于2013年启动一应云智慧平台升级工作，以支持生态圈成长，为更多的物业服务企业服务。2014年，2.0一应云智慧平台投入应用，一应云生态圈正形成颇具生命力的雏形。

一应云智慧平台

践行“资源整合、合作共赢”理念更需要具体行动的工具与平台。因此一应云智慧平台应运而生，一应云智慧平台是一应云智慧社区的关键芯片，其核心功能由物业云（PMS/O-CRM）和社商云两大系统组成。

一应云智慧平台由PMS、O-CRM和社商三个相对独立的系统和呼叫服务中心构成，物业服务企业（加盟商）可根据需要选择应用全部或其中的系统。一应云智慧平台是云架构的SAAS模式，物业服务企业（加盟商）及其社区网点将有其相应的后台管理功能。

在选择社商系统时，物业服务企业（加盟商）应在社区建立社商网点。为有效提高社区需求集中度，快速形成商业影响力，达到整合资源、合作共赢的目的，社商网点采用特许或授权经营的连锁发展模式。物业服务企业（加盟商）独立运营与管理线上“一应生活”和线下“一应便利店”业务。一应便利店可为实体店也可为虚拟店，但无论实体店还是虚拟店均以统一的“一应社商经营体系”整合城市需求，实现城市需求聚合效应。

构建一应云智慧社区除一应云智慧平台外，还需要线下的社区网点（基本经营单元），即管理处和一应便利店（未来不可能被电商替代的是便利店）的支持。线上平台与线下网点是实现一应云智慧社区的关键要件。这些要件通过不同组合形成相对独立的社区加盟运营生态单元——BOX。具体模式为：一应云智慧平台可将进入平台的用户自动关联到物业网点，物业网点关联到社商网点，社商网点关联到相应的物业服务企业（加盟商）；若社商网点与物业网点并非同一家物业服务企业（加盟商）时，社商网点和物业网点将分别关联到其相应的物业服务企业（加盟商），形成相对独立的社区加盟运营生态单元。

平台核心功能

社商云系统与物业云系统通过社区客户黏性进行的有效耦合，让社区业主在家即可享受五星级的便捷消费体验，并帮助物业服务企业提高物业服务效率、提升顾客满意度、拓展物业服务延伸价值，这是一应云智慧平台功能设计的核心表现。

O-PMS系统

O-PMS系统是基于对“物（共用设施设备、共用场所、共用部位）”管理功能实现的平台，主要功能包括对象管理、承接查验、工作管理、品质管理、供方管理、能耗管理和专业众包服务。

根据物业管理标准，O-PMS系统自动生成年度工作计划，按照年度工作计划自动生成日常工作派工单并准时自动推送给相应的工作人员；工作人员将现场计划实施情况反馈到O-PMS系统，系统对工作计划实施结果归档。

秩序维护员在社区巡查过程中发现可疑的外来人员，要求外来人员出示《出入证》，秩序维护员用智能手机对着《出入证》扫描，核对外来人员包括照片在内的登记信息……

物业服务企业领导在机场候机厅内正在为某个社区共用设备申请使用维修基金问题而发愁，突然想起O-PMS系统的BI应用功能，他在智能手机上调阅了小区所有共用设备的故障率排序、单台设备的历史运行记录，维修基金使用的申请理由可用“数据”说话了……

O-CRM系统

O-CRM系统是基于对“人（业主及相关事项，如车辆停放）”服务功能实现的平台，主要功能包括信息管理、顾客服务、顾客关系和业务办理。

物业服务企业可自建远程呼叫服务座席，也可委托第三方提供呼叫服务，以统一受理业主的需求（如投诉、报修等），规范了常见的业主服务接触面及场景，业主不再因为接触不同的物业服务人员或接触不同时段的同一物业服务人员而体验不同的服务感受。

装修管理人员进行现场巡查，进入现场后用智能手机对着《装修登记表》扫描，手机显示业主登记的装修内容，在发现现场违规装修时，管理人员对违规现场进行拍照，并将违规情况上传到O-CRM系统，系统自动生成《违规装修整改通知单》；物业服务企业领导在与朋友聚会时，接到管理处一线员工工作量大的抱怨电话，领导通过智能手机在查阅了这位员工近期的工作任务后，露出了微笑……

社商系统

社商系统与线下“一应便利店连锁经营体系”相结合，是基于“社区人需求”服务功能实现的平台，主要功能包括商品/服务管理、商家管理、供应商管理、社区活动管理、店铺管理和人员管理。

物业服务企业（加盟商）可通过仅安装统一标识的门头（轻易型店面），也可进行统一要求的内外装修（旗舰型店面），也可仅安装统一的“一应便利店”标识灯箱开展一应便利店业务。一应便利店可经营一切社区生活所需，更可通过一应云社商系统整合社区周边门店（如“士多店”），为其提供线上销售渠道（为他们提供转型升级服务）。因此，有了线上的“一应云社商系统”和线下的“一应便利店连锁经营体系”，我们可灵活的、轻资产的开展社区商务活动……

一位业主在家里，突然在智能手机上接到一应便利店推送的微信“尊敬的××女士，您家社区××宠物店购进了一批您家××（宠物昵称）爱吃的××（宠物食品），正在开展促销优惠活动呢，您不妨看一看”。O-CRM系统强大的BI功能为惊喜服务提供了有力的后台支持。

“一应云”智慧平台改变未来

为确保一应云智慧平台安全、稳定运行，长城物业采用IT行业常用的做法，将硬件及软件（数据中心）运维服务委托第三方国际知名的专业机构负责。一应云智慧平台的业务运营维护由一应社商集团专业团队，以及有不同权限的物业服务企业（加盟商）、社区网点负责。

从上述描述可以看出，整个一应云智慧平台相当于一个芯片，深深地嵌入到社区当中。目前，行业内已有20多家物业服务企业分享一应云智慧平台，一应云智慧平台正在为496个物业项目，一亿多平方米物业提供云物业服务。应用一应云智慧平台的物业服务企业已切实感受到云物业服务所带来的变化。在未来相当长的时期内，该平台将借助物业生态圈与社商生态圈相辅相成，以及社区资源（客户资源、物业资源、人力资源）相互耦合的自然力量，致力于以社区为依托的共生共长社区生态体系的构建。

在互联网时代，所有行业都无法置身事外，尤其是2013年后半年，众多传统企业觉醒了，积极“触网”求生存、求发展是当下传统企业的共识。一应云生态圈不仅仅是互联网技术的应用，也不仅仅是社区商务的电子化，它更是关于物业管理、电子商务、社区便利店、连锁经营的新型社区商业模式，它响应了物业管理行业在目前市场环境下的迫切需求，为物业服务企业转型升级提供了有效工具和平台，也给业界提供了更多全新的视角和思考。

案例来源：《城市开发》2014年第15期

5.1 物业服务质量控制

国际标准化组织（ISO）对质量控制的定义是：为满足质量要求而使用的操作技术和活动。

物业服务质量控制，实际上就是PDCA循环中“检查”这一环节。它在物业服务质量管理工作中起着至关重要的作用，以至于在很多物业服务企业中，将物业服务质量管理控制等同于物业服务质量管理。似乎一谈到物业服务质量管理（通常我们称为“品质管理”），就是组建一个质量监督部门，按照既定的服务质量标准，对一线员工进行严格的监督检查，一旦发现有不合格现象，就采取强硬的处罚措施。由于对服务质量管理的认识存在这种局限性，导致企业在服务质量控制中虽然投入了大量人力、物力，但得到的结果却不尽如人意。一方面，员工对服务质量控制工作的抵触使他们大都视品质管理人员为对立面，将服务质量管理的目的即为业主提供优质服务，错误地扭曲为应付公司检查；另一方面，企业的品质管理人员也承受了巨大的压力，常常为在工作中如何平衡原则性与灵活性而绞尽脑汁。最后，企业服务质量管理的结果，既无谓地增加了员工的工作压力，又对业主满意度的提升毫无裨益。

5.1.1 物业服务质量控制的原则

在实践中，物业服务企业进行服务质量控制所采取的方法各异，到底谁的质量控制模式是最有效的？很难有一个定论。根据行业内取得的现有经验，结合管理学界的一些研究成果，总结出物业服务企业在进行服务质量控制时，应遵循以下基本原则。

1. 组织适宜性原则

组织适宜性原则要求物业服务企业在建立服务质量控制系统时，必须结合自身的企业文化、组织结构以及所服务的物业形态等进行综合考虑。

比如，企业的文化强调以人为本，强调一种比较和谐宽松的组织氛围。在进行服务质量控制时，如果简单地采取强硬措施，一味强调无条件地执行，就会对现有的企业文化造成冲击，服务质量控制的效果大打折扣。

组织适宜性原则的含义主要包括：

一是组织结构的设计要做到明确、完整和完善。所设计的控制制度越是符合组织结构中的职责和职务要求，就越有助于纠正脱离计划与规则的偏差。

二是控制制度必须切合每个控制人员的特点。即在设计控制制度时不仅要考虑具体的职务要求，也应考虑到担当该项职务的控制人员的个性。这一原理在设计控制信息的格式时特别重要，给每位控制人员的信息所采用的形式必须分别设计。例如，送给上层主管人员的信息要经过筛选，要特别表示出与设计的偏差、与去年同期相比的结果以及重要的例外情况。为了突出比较的效果，应把比较的数字按纵行排列，而不要按横行排列，因为从上到下要比横看数字更容易得到一个比较的概念。此外，还应把互相比较的数字均用统一的足够大的单位来表示（例如万元、万吨等），甚至可将非零数字限制在两位数或三位数。

组织结构既然是对组织内部各个成员担任某项职务的一种规定，那么，它也就成为明确执行计划、规则以及纠正偏差的依据。因此，组织适宜性原理方法控制必须反映组织结构的类型。

此外，企业的组织框架是扁平化的还是科层制的，也对企业的服务质量控制模式的选择有着相当大的影响。

关于企业组织结构，现代企业组织结构理论可以分为两个阶段：第一阶段，从亚当·斯密的分工理论开始，至二十世纪八十年代，这一阶段强调高度分工，组织结构也越来越庞大，组织形式从直线制开始，一直到事业部制，我们可称之为传统的科层制组织结构；另一阶段自二十世纪九十年代始，这一阶段强调简化组织结构，减少管理层次，使组织结构扁平化。

科层制组织模式中，直线职能制是企业较常采用的组织形式，其典型形态是纵向一体化的职能结构，强调集中协调的专业化。适用于市场稳定、产品品种少、需求价格弹性较大的情况。其集中控制和资产专业化的特点，使得它不容易适应产品和市场的多样化而逐渐被事业部制组织取代。事业部制组织强调事业部的自主和企业集中控制相结合，以部门利益最大化为核心，能为公司不断培养出高级管理人才。这种组织形式有利于大企业实现多元化经营，但企业长期战略与短期利益不易协调。

随着企业规模的扩大，科层制组织不可避免地面临：沟通成本、协调成本和控制监督成本上升，部门或个人分工的强化使得组织无法取得整体效益的最优，难以对市场需求的快速变化作出迅速反应等问题。扁平化组织，正是由于科层式组织模式难以适应激烈的市场竞争和快速变化环境的要求而出现的。所谓组织扁平化，就是通过破除公司自上而下的垂直高耸的结构，减少管理层次，增加管理幅度，裁减冗员来建立一种紧凑的横向组织，达到使组织变得灵活、敏捷、富有柔性、创造性的目的。它强调系统、管理层次的简化、管理幅度的增加与分权，以便使企业快速地将决策权延至企业生产、营销的最前线，从而提高企业效率。

2. 控制关键点原则

控制关键点原则是物业服务质量控制工作的一项重要原则。一方面，影响客户感知和判断服务质量的因素虽然很多，但是实践表明，客户往往特别关注部分少数因素。另一方面，由于物业服务的产品提供过程和客户感知过程是同时进行的，物业服务质量表现为一种过程质量，员工的服务意识和专业技能在很大程度上决定了客户对服务质量的评价结果。所以，物业服务企业应重点控制客户所关注的少数因素，并重点提高员工的服务意识和专业技能水平，进而提高物业服务质量控制工作的效率。

3. 直接控制原则

直接控制，就是在物业服务质量控制工作中，企业通过教育、培训等多种方法，提高员工的工作质量。间接控制是相对于直接控制的一个概念，就是通过对员工工作绩效的监控，在发现偏差时，采取措施进行纠正。直接控制是一种前馈控制和现场控制，而间接控制是一种反馈控制，这两种方法都是科学有效的管理控制方法。在进行物业服务质量控制工作时，间接控制是必不可少的。但是，我们应该投入更大的精力来进行直接控制，提高员工的服务质量，尽量减少偏差的出现，只有这样，才有可能减少间接控制所带来的质量成本与负面影响。

4. 物业服务质量控制要有全局观

在进行物业服务质量管理时，我们应该树立以客户满意为核心的全面质量管理理念。同样，在建立企业服务质量控制系统时，也应该树立全局观。

物业服务质量控制，不仅仅是质量管理部门的职责，更不仅仅是简单的监督、检查或惩罚。真正有效的服务质量控制，应该是全员参与的，无论是最高管理者，还是最基层的服务人员，都有进行服务质量控制的职责和义务，不同之处仅仅在于他们的分工与侧重点。服务质量控制应该贯穿于企业经营管理的各个流程，包括战略流程、运营流程和人员流程。

5. 物业服务质量控制的职责分工应该合理明确

在基于全面质量管理理念建立的服务质量管理体系中，能否对组织内部的服务质量控制职责进行合理明确的分工，显得尤为重要。一方面，我们要对每一个部门、每一个岗位各自应该履行哪些质量控制职责进行明确规定，既避免出现重复，也不要出现漏项；另一方面，我们也要考虑一些关键性的重要的质量控制职责，考虑好怎样分工更为合理。

6. 物业服务质量控制应该具有灵活性

物业服务的无形性，决定了可以客观量化的服务质量标准很少。在进行物业服务质量控制时，能否合理把握原则性与灵活性之间的度，对质量控制的效果有着很大的影响。原则性是前提，而组织内部已有的服务质量标准就是原则，是必须遵守的。如果已有的服务质量标准没有明确规定或者规定模糊的，则必须具有灵活性。此时，需要与员工进行充分的沟通，达成共识，将沟通的结果作为下一次检查的标准。

7．物业服务质量控制过程也是绩效辅导的过程

这个原则要求质量管理人员必须在自己的职责范围内具有较高的专业技能水平，能够在进行质量检查时准确地发现存在的偏差，并能够对员工进行及时的指导，与员工共同协商解决方案，以避免同类偏差的再次出现。从某种意义上说，物业服务企业的质量管理人员是员工的教练员和绩效伙伴，而不仅仅是裁判。

8．物业服务质量控制必须是公平的

由于物业服务质量控制工作往往与员工的绩效考核具有很大的相关性，因此在进行质量检查的过程中坚持公平性原则就很重要。鉴于物业服务的长期性特点，相对较低的员工流失率，对保持服务质量的稳定性起着很大的作用。基于这一原则，企业在建立服务质量控制系统时，要设置一个相对独立的内部第三方机构，来负责一些关键的质量控制工作。同时，要建立一个有效的内部沟通渠道，以对服务质量控制过程中出现的偏差进行及时地纠正。

9．控制风险原则

物业服务的特殊性，决定了物业服务企业在经营管理过程中存在着诸多风险，包括来自企业外部的风险和企业内部的风险。在以客户满意为核心的全面质量管理体系中，物业服务质量控制的重点之一应该是对风险的控制。

物业服务企业在建立以客户满意为核心的全面质量管理体系时，应将质量管理的相关规定融入其中，以实现对经营风险的有效控制。

5.1.2 物业服务质量特性分析

顾客在服务接触面上形成的对企业服务质量好坏的评价既有来自顾客本身的感受，如感知性、可靠性、响应性、保证性和移情性；也有来自服务提供方带给顾客的感受，如诚信、效率、信息容量、服务技能、营业环境、亲和力和服务柔性。

我国学者郎志正曾提出的顾客感知服务质量特性为：功能性、经济性、安全性、时间性、舒适性和文明性。SERVQUAL模型的五大顾客感知服务质量特性即感知性、可靠性、响应性、保证性和移情性与郎志正提出的六大顾客感知服务质量特性之间的对应关系。

影响顾客对企业服务质量的好坏的评价还有来自服务提供方带给顾客的感受，而将企业内部影响组织服务提供能力的因素可简单归纳为：人、机、料、法、环五大要素，这五大要素与带给顾客的七个方面的感受即诚信、效率、信息容量、服务技能、营业环境、亲和力和服务柔性之间具有对应关系。

因此，物业管理服务质量特性的识别可以从顾客感知服务质量和组织服务提供能力两方面来考虑。

反映顾客感知的质量特性有：

（1）功能性：特定服务应发挥的效能和作用。

（2）经济性：顾客为了得到不同的服务所需要费用的合理程度。

（3）安全性：保证服务过程中顾客的生命不受到危害，身体和精神不受到伤害，财产不受到损失的能力。

（4）时间性：服务在时间上能够满足顾客需要的能力，包括及时、准时和省时三个方面。

（5）舒适性：在满足了功能性、经济性、安全性和时间性等方面特性的情况下，服务过程的舒适程度。主要包括：

1）设施的完备和适用，舒服和方便；

2）环境的整洁、美观和有秩序。

（6）文明性：顾客在接受服务过程中精神需要得以满足的程度，这些精神需要指能获得一个自由、亲切、尊重、友好、自然与谅解的气氛，有一个和谐的人际关系等。

影响组织服务提供能力的因素有：

（1）人员（数量、能力、仪表和态度等）；

（2）设备设施（完备、可靠等）；

（3）材料（服务用原材料及文件、说明等文字性资料）；

（4）方法（服务流程的合理性及服务规范的完备程度等）；

（5）环境（服务硬件环境的舒适性及工作氛围的和谐度）。

5.2 简易质量控制方法

1. 评审

评审的主要目的是本着公正的原则检查项目的当前状态，项目评审一般是在主要的里程碑项目接近完成时进行，比如单体设计、产品设计、编码或测试完成时。通过专家评审，可以切实发现一些重大问题，并给予处理意见。

（1）评审依据

1）国家和行业的相关标准、技术规范及其他有关规定；

2）有关部门关于本项目的文件和批示；

3）已经确定的本方案的前沿性文件；

4）监理工程师搜集的监理信息。

（2）评审的范围

一般来说，一个信息系统工程需要采用专家会审的内容有：

1）建设单位的用户需求和招标方案；

2）承建单位的质量控制体系和质量保证计划；

3）承建单位的单体技术方案；

4）承建单位的工程实施方案；

5）承建单位的系统集成方案；

6）承建单位有关应用软件开发的重要过程文档；

7）工程验收方案；

8）承建单位的培训计划与方案；

9）其他需要会审的重要方案。

（3）会审的工作过程

1）现场质量监理工程师接收方案、业主档案等资料，进行初审，并把初审结果上报监理工程师。

2）建设单位和承建单位根据监理意见进行处理，处理结果由现场监理组进行确认，并报总监理工程师签发。

2. 测试

测试是信息系统工程质量控制最重要的手段之一，这是由信息系统工程的特点所决定的。信息系统工程一般由网络系统、主机系统、应用系统组成，而这些系统的质量到底如何，只有通过实际的测试才能知道，因此测试结果是判断信息系统工程质量最直接的依据。

（1）监理单位主要工作内容

就监理单位而言，主要进行以下三方面的工作：

1）监督评审承建单位的测试计划、测试方案、测试实施以及测试结果。主要包括以下内容：

①督促承建单位建立项目测试体系，成立独立的测试小组。

②督促承建单位制订全过程的测试计划，从项目需求分析阶段开始直到项目结束，要进行不间断的测试，并且随着项目的进展，制订分系统的测试计划和详细的测试方案。

③对测试方案和测试计划进行审核，对承建单位选择的测试工具的有效性进行确认。

④对测试结果的正确性进行审查。

⑤对测试问题的改进过程进行跟踪。

2）对重要环节监理单位要亲自进行测试，主要包括以下内容：

①现场抽查测试。当现场监理工程师发现质量疑点时，要进行现场抽查测试。例如在综合布线阶段，监理工程师除了要在隐蔽工程实施过程中旁站外，还要通过手持式或台式网络测试仪对布线质量进行抽测，以便分析网络综合布线的效果。这种抽查测试方法可以有效保证网络综合布线的质量，另外对于设备进货

也要进行现场抽验。

②对于软件开发项目，监理单位要对重要的功能、性能、安全性等进行模拟测试，以判断阶段性开发成果是否满足质量要求，并且要作为进度控制以及成本控制的依据。

③对委托的第三方测试的结果进行评估。

在重要的里程碑阶段或者验收阶段，一般邀请专业的第三方测试机构对项目进行全面的测试，监理单位的主要工作包括：

a．协助建设单位选择权威的第三方测试机构，协助审查第三方测试机构的资质、测试经验以及承担该项目测试的工程师情况。

b．对第三方测试机构提交的测试计划进行确认。

c．协调承建单位、建设单位以及第三方测试机构的工作关系，并为第三方测试机构的工作提供必要的帮助。

d．对测试问题和测试结果进行评估。

（2）测试依据

测试依据根据不同的测试阶段和测试对象有所不同，一般包括：

1）需求说明；

2）设计说明；

3）行业标准；

4）图章标准。

3．旁站

在项目实施现场进行旁站监理工作是监理在信息系统质量控制方面的重要手段之一。旁站监理是指监理人员在施工现场对某些关键部位或关键工序的实施进行全过程现场跟班的监督活动。

旁站记录是监理工程师或总监理工程师依法行使有关签字权的重要依据，是对工程质量的签认资料。旁站记录必须做到：

（1）记录内容要真实、准确、及时。

（2）对旁站的关键部位或关键工序，按照时间或工序形成完整记录。

（3）记录表内容填写要完整，未经旁站人员和施工单位质检人员签字不得进入下道工序施工。

（4）记录表内施工过程情况是指所旁站的关键部位和关键工序施工情况。

（5）完成的工程量应写清准确的数值，以便为造价控制提供依据。

（6）监理情况主要记录旁站人员、时间、旁站监理内容、对施工质量检查情况、评述意见等。

（7）质量保证体系运行情况主要记述旁站过程中承建单位质量保证体系的管理人员是否到位，是否按事先的要求对关键部位或关键工序进行检查，是否对不符合操作要求的施工人员进行督促，是否对出现的问题进行纠正。

（8）若工程因意外情况发生停工，应写明停工原因及承建单位所做的处理。

4．抽查

信息系统工程建设过程中的抽查主要针对计算机设备、网络设备、软件产品以及其他外围设备的到货验收检查，此外对项目实施过程有可能发生质量问题的环节随时进行检查。

（1）到货验收的抽查

到货验收的抽查主要是针对大量设备到货情况。在抽查时，要有详细的记录。对于少量设备到货的情况，要逐一进行检查。

（2）实施过程的抽查

在软件开发的过程中，监理工程师可以随时抽查开发文档的编写情况、测试执行情况，对已经完成的代码抽查是否符合基本的开发约定等。

5.3 工序质量控制工具——控制图

5.3.1 控制图的理论基础

控制图（又称管理图）就是一种对生产过程进行动态控制的质量管理工具。控制图是1924年由美国贝尔电话研究所的休哈特博士提出的，可以对工序进行动态监控，达到预防不合格品产生的目的。

控制图的理论基础是数理统计中的统计假设检验理论。

控制图是画有控制界限的一种图表，其轮廓线如图5-1所示。通过它可以看出质量变动的趋势，以便找出影响质量变动的原因，然后予以解决。

把带有$\mu \pm 3\sigma$线的正态分布曲线向右旋转90度，再翻转180度，去掉正态分布曲线即得到了控制图轮廓线的基本形式。

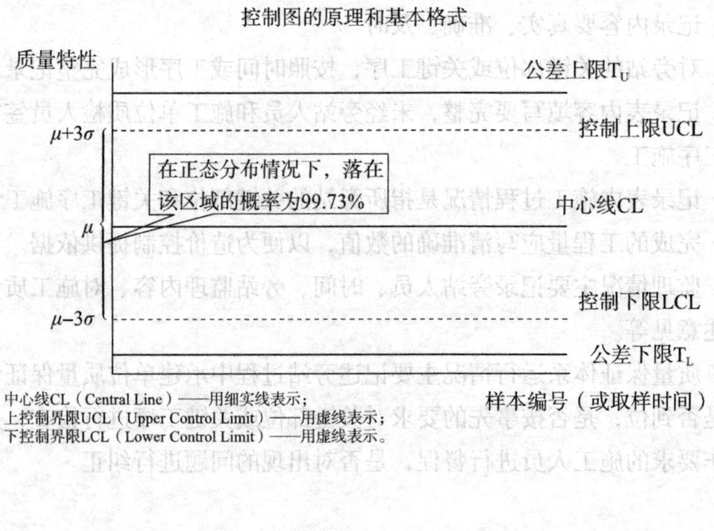

图5-1 控制图的原理和基本格式

5.3.2 控制图的工作过程

产品质量特性值有波动（或称为差异、散差）的现象，反映了产品质量的“波动性”特点。这些质量特性值虽然不同，但在一定的生产条件下，都服从一定的分布规律，这反映了产品质量的分布具有“规律性”特点。

1．产品质量波动的原因——4M1E

（1）人（Man）：操作者对质量的认识、技术熟练程度、身体及情绪状况等。

（2）设备（Machine）：机器设备、工具、量具的精度和维护保养状况等。

（3）材料（Material）：材料的成分、物理性能、化学性能等。

（4）方法（Method）：包括加工工艺、工艺装备选择、操作规程、测量方法等。

（5）环境（Environment）：工作场地的温度、湿度、照明、清洁和噪声条件等。

2．控制图的作用

（1）判断生产工序质量的稳定性。

（2）评定生产过程的状态，发现以便及时消除生产过程的异常现象，预防废品、次品的产生。

（3）确定设备与工艺设备的实际精度，以便正确地做出技术上的决定。

（4）为真正地制定工序目标和规格界限确定了可靠的基础，也为改变未能符合经济性的规格标准提供了依据。

3．控制图的种类

（1）计量值控制图

计量值控制图主要用于监控产品的质量特征值为连续性随机变量的情况。通常在生产过程中，平均数控制图和离差控制图的联合使用，能够提供关于产品质量情况的详细资料。

通过对计量值控制图的分析，寻找质量变化的原因，既能克服不良因素，也能发现和总结先进经验，提高服务质量与产品质量，还可以预测质量变化的趋势。根据预测出的趋势改变和调整控制界限，进一步加强质量控制。

1）平均数—极差控制图

在自动化水平比较高的生产过程中，控制图的极差增大，意味着机器设备出现故障，需要进行修理或更换。在非机动化生产过程中，通过此图反映出操作者的操作状况，故又称为操作者控制图。

2）样本中位数—极差控制图

样本中位数用来反映总体的集中趋势。中位数是将一批观察数据按大小排列，居于中间位置的数。用样本中位数表示总体的集中趋势，一般来说不如算术平均数那样准确。

（2）计数值控制图

1）二项分布

二项分布在质量控制中有重要作用。不合格品数是服从二项分布的，而不合格品率是不合格品数与产品总量的比值，所以也是服从二项分布的。计数值控制图中的p控制图与np控制图都是基于二项分布的原理进行研究的。

二项分布是一种离散型分布，适用于某些计数值，二项分布由参数n与p确定。

当n或p增大时，即np增大时，二项分布的图形逐渐趋于左右对称，近似于正态分布。理论上当$np \geqslant 5$时（生产实际中要求$np \geqslant 3$），可将二项分布近似看作正态分布。

2）泊松分布

对在一定期间内发生的各种事故的次数，或在一定时间内电话的通话次数等现象，常采用泊松分布来描述。

5.3.3 控制图的设计与绘制

控制图的设计与绘制步骤如下：

（1）收集数据；

（2）数据分组；

（3）统计分析，如确定平均值、极值、标准差等；

（4）确定控制界限；

（5）绘制控制图；

（6）控制界限的修正，剔除受意外因素影响的数值；

（7）控制图的使用与改进。

5.3.4 控制图应用的预防原则

控制图应用的预防原则可总结为“20字”原则即查出原因，采取措施，保证消除，不再出现，纳入标准。

5.4 质量控制工具的新发展

5.4.1 关联图

1．关联图的概念

关联图（图5-2～图5-4）是指用连线图来表示事物相互关系的一种方法，也叫关系图法。

基本步骤：

（1）提出主要质量问题，列出全部影响因素；

（2）用简明语言表达或示意各因素；

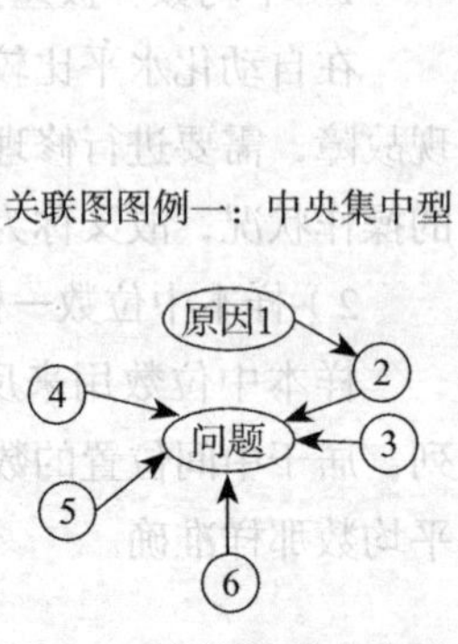

图5-2 关联图中央集中型

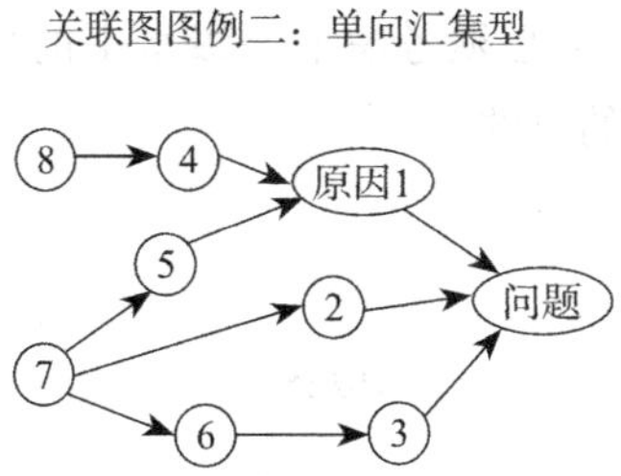

图5-3 关联图单项汇集型

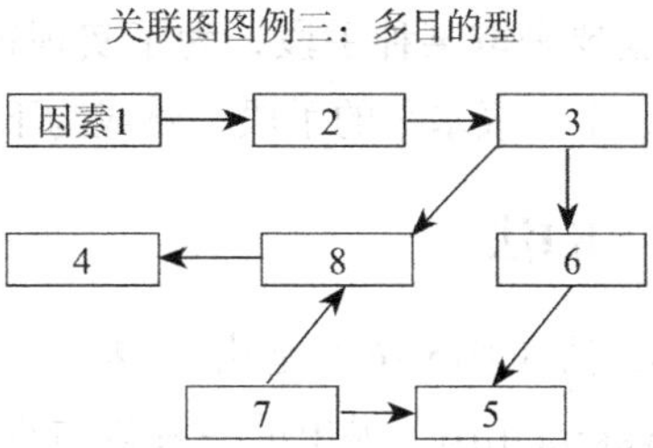

图5-4 关联图多目的型

（3）用箭头把因素间的因果关系指明出来，绘制全图，找出重点因素；

（4）针对重点问题，采取对策。

2. 关联图的优缺点

优点：

（1）从整体出发，在混杂、复杂的因素中找到重点；

（2）明确相互关系，并加以协调；

（3）把个人意见记入图中；

（4）多次绘图，了解过程、关键和根据；

（5）不断绘图，能预测未来；

（6）用关联图表达看法，易理解；

（7）整体和各因素关系一目了然；

（8）可绘入措施及其结果。

缺点：

（1）同一问题，图形和结论可能不一致；

（2）表达不同，箭头有时与原意相反；

（3）费时费力。

5.4.2 系统图

系统图（图5-5）是把要实现的目的与需要采取的措施和手段，系统地展开，并绘制成图，以明确问题的重点，寻找最佳手段或措施。为了达到某个目

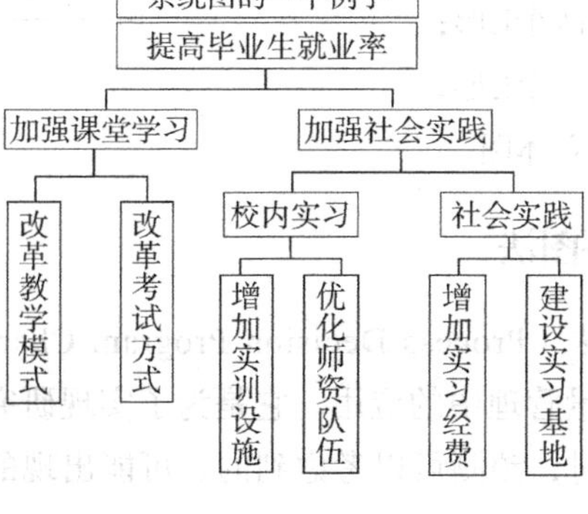

图5-5 提高毕业生就业率系统图

的，就要采取某种手段，为了实现这一手段，又必须考虑下一级水平的目的。这样，上一级水平的手段，就成为下一级水平的目的。

5.4.3 KJ法

KJ法（图5-6）是由川喜田二郎（Kawakita Jiro）提出的一种创造性思考的开发方法。KJ法通过集体创造性思考，整理事件、现象和事实，引出思路，抓住问题的实质，提出解决问题的办法。具体而言，就是把杂乱无章的语言资料，依据相互之间的亲和性（相近的程度）进行统一综合，对于将来的、未知的、没有经验的问题，通过构思以语言的形式收集起来，分析整理，绘成亲和图（A形图）。

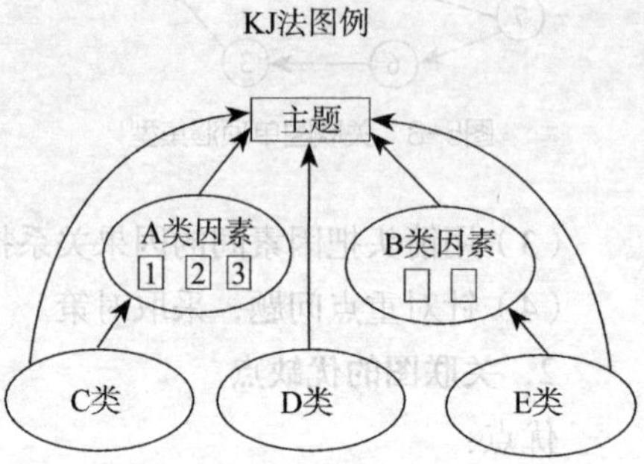

图5-6 KJ法图例

KJ法的基本步骤如下：

（1）确定对象：非解决不可，但又允许用一定时间去解决；

（2）收集语言、文字资料；

（3）把收集到的资料整理成卡片；

（4）把同类卡片集中起来，写出分类卡片；

（5）集思广益，找出思路。

5.4.4 矩阵法

矩阵图通过多因素的综合思考，探索解决问题的方法。它借助于矩阵的形式，将影响问题的各对应因素，列成矩阵图，根据图中的特点找出确定关键点的方法。

矩阵图的常见类型包括：

（1）L形矩阵图：二元型（图5-7）；

（2）T形矩阵图：两个L形；

（3）X形矩阵图：四个L形；

（4）Y形矩阵图：三个L形；

（5）C形矩阵图：立体图。

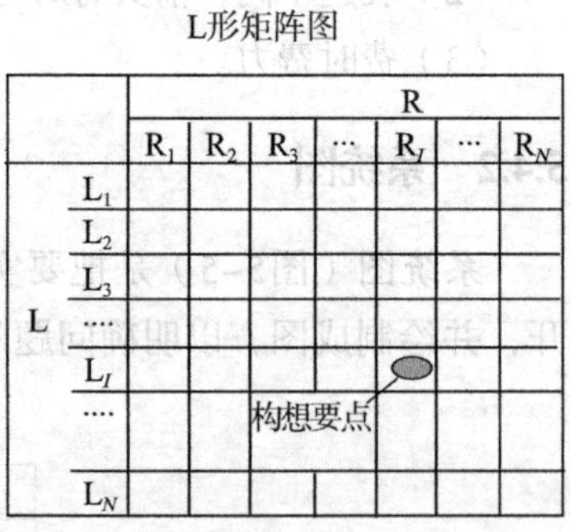

图5-7 L形矩阵图

5.4.5 过程决策程序图法

过程决策程序图法（Process Decision Program Chart），简称PDPC法（图5-8），是运筹学在质量管理中的应用。它是为了实现研究开发的目的或完成某个任务，在制订计划时，预测可以考虑到的、可能出现的障碍和结果，从而采取预防措施，把择优过程引向最理想目标的方法。

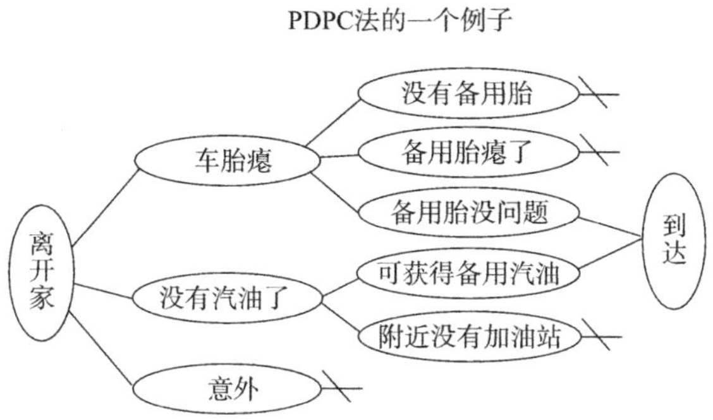

图5-8 PDPC法的一个例子

5.4.6 矩阵数据分析法

矩阵数据分析法，实际上就是主成分分析法。它通过数据转换，将众多指标转换成彼此之间无相关性的指标，从而确定进行研究攻关的主要目标和因素。

本章小结

本章给出了物业服务质量控制的定义，即参考国际标准化组织（ISO）对质量控制的定义：为满足质量要求而使用的操作技术和活动，实际上就是PDCA循环中的“检查”环节。同时，物业服务质量控制的最终目标是实现业主满意度。物业服务质量控制的方法主要包括评审、测试、旁站和抽查，通过应用工序质量控制工具——控制图，以及其他一些新型的质量控制工具，实现物业服务质量控制的目标，达到规定的服务质量标准，及时发现偏差并予以纠正。

思考题

1. 简述质量控制的定义。
2. 影响组织服务提供能力的因素有哪些？
3. 质量控制方法有几种？
4. 质量控制工具——控制图有哪些作用？
5. 新的质量控制工具有哪些？
6. 简述物业服务质量控制的原则。

6

物业客户期望管理

本章要点及学习目标

通过本章的学习，要求掌握期望理论的概念、期望理论的公式和期望理论的模式；掌握影响客户期望的主要因素以及客户期望管理；了解确定客户期望的方式，从而更好地提高物业服务的品质。

案例导入

绿城物业服务的“道与术”

2015年12月21日，绿城物业服务集团有限公司（以下简称绿城服务）在香港发布招股书，尽管稍早前已经有中海物业和中奥物业先后登陆港股，但是，百强排名第二的企业在资本市场的一举一动，还是成为2015年底物业管理行业的一个重磅新闻。事实上，要真正读懂绿城服务，需要将时间倒回至2014年3月，其时中国物业管理协会在杭州召开三届四次常务理事会全体会议，这次会议上，特别安排了绿城、万科、上房等知名物业企业围绕物业管理的变革与思考进行了交流。绿城服务董事长李海荣以《绿城服务的道与术》为题，第一次系统地阐述了绿城服务“坚守价值之道、创新运营之术”的战略和实践，引起与会代表颇多共鸣。

与时俱进的战略

自1998年绿城物业创立以来，针对不同的发展时期，绿城服务先后推出了三大发展战略：初期是基于基础物业服务的差异化服务战略，2007年先后是基于园区生活服务体系的一体化战略，目前是基于智慧园区服务体系的平台战略。可以说，这是业内为数不多的，对企业发展给出的清晰定位，也是绿城服务不断审视内外部环境变化，结合自身优势，制定和践行的有自身特色的发展战略。

在过去近20年的发展历程中，绿城服务的战略先导作用凸显无疑。统计资料显示，截至2015年9月，绿城服务在管合同建筑面积总和达7400万m^2物业，大部分位于杭州大本营及其他长三角城市，其中23.2%为绿城地产旗下项目，76.8%为其他房企项目，覆盖全国23个省、直辖市及自治区的73个城市，接管的物业类型涵盖市政公建项目、城市综合体、商务写字楼、别墅、公寓、学校、足球基地和高科技产业园等。

近年来，特别是2015年以来，“互联网+”和“共享经济”双重背景下的经济新常态，成为每一家企业必须要面对的大势。一方面，房地产行业从“黄金时代”迈入“白银时代”，使得物业服务成为房地产企业转型的战略抓手；另一方面，社区经济的勃兴，促使电商行业大量的邻里生活平台、社区O2O平台如雨后春笋般涌现——这些变化，勾勒出了“移动互联”时代下物业管理的发展趋势，那就是业主对物业管理的需求不再是满足“居住”和被动的“服务”，而是期待一种更为便捷、自主、智能的“生活方式”。

面对新机遇和新挑战，绿城服务结合行业变化和自身优势，以基础物业服务为依托，以常规服务、增值服务、专业服务为产业链的“一体化战略”升级为“平台战略”—— 一个愿景，即幸福生活运营商；两个载体，即美丽建筑，美好生活；三类用户：员工、业主和开发商；三大体系：物业服务、生活服务和平台服务；三项改革：服务平台化、管控同级化和专业市场化；三类增值：服务增值、一体化增值和平台增值。由此，绿城服务最终形成了一个业主、物业、商家参与互动、共生共荣、相互促进的服务生态圈，企业“幸福生活运营商”的愿景则跃然纸上。

不断迭代的服务产品

迭代原本是一个数学概念，后被互联网借用并为大众熟知。在物业管理行业，不少企业也遵循迭代的理念，将自身的服务产品不断优化和升级。

从成立初期的基础物业服务，到2007年开展的园区生活服务体系，直至目前结合行业发展趋势及社区O2O市场开展的智慧园区服务体系，围绕满足业主不断变化的需求，并对自身的服务体系与核心价值进行不断的优化与革新，绿城服务先后推出了“三代”服务产品，这恰好与绿城服务的战略相吻合。

基础物业服务

在这一代服务产品中，李海荣曾将其内涵形象地比作三棵树：物业管理是一片沃土，物业服务企业要做的是，在这片沃土上种好三棵树。第一棵树：要做好基本服务，出发点在于“做标准”；第二棵树：开展个性化服务，突出几个层次即舒适型、经典型、尊贵型，出发点在于“做品质”；第三棵树：充分运用各种资源，做好专业公司，创新经营工作，出发点在于“做利润”。

为了很好地让这一代产品落地，绿城服务一方面在制度、人力、管理等方面采取了一系列措施，并前瞻性地引入了当时最为先进的管理工具，如ISO质量管理体系、物业管理信息系统、800服务质量监督电话、第三方业主满意率调查、网站和手机短信服务平台等。同时，还专门成立了高端物业服务体系建设小组，组织员工多次深入香港的凯旋门、碧海蓝天等项目参观学习。值得一提的是，从企业创立之初，绿城服务就将自身的服务产品置于物业服务合同和相关法律框架之下，依法对物业项目实施维护和管理，依约向业主提供物业服务，这在物业纠纷时有发生的当时，是十分难能可贵的，对于当下行业中创业起步的许多企业来说，依然具有很好的启示作用。比如，当时上海绿城“群租案”的胜诉，成为国内同类案例中第一起物业服务企业胜诉的案件，不仅捍卫了物业服务企业的权利，也在业界引起了极大反响，中央电视台、上海第一财经等多家媒体和报纸进行了报道。

到今天来看，李海荣就基础物业服务所作的浅显比方依然并不过时。从标准、到品质，再到利润，这无疑既是物业服务质量的内在脉络，也是物业管理的经济学逻辑。

园区生活服务体系

绿城服务园区生活服务体系的提出是在2007年。当时，物业管理专业化、市场化的发展进一步推进，特别是《物权法》颁布之后，物业管理加速发展，业主的需求呈现出日益多样化的发展趋势，基于专业分工之上的多元化发展和基于基础物业服务之上的园区生活服务成为必然趋势。

2007年9月，“绿城园区生活服务体系”作为惟一的企业项目荣膺“中国城市管理进步奖”。专家评审团一致认为，“绿城园区生活服务体系”的出现，超出了房地产开发产业链的概念，是对过去“房产品”及“物业管理”等概念的一次重新诠释，标志着房地产业的发展已经逐渐触及其行业本质，而且会对行业未来发展产生积极深远的影响。

2008年，绿城服务开始在其各个项目试点园区生活服务体系产品，2009年，园区生活服务体系产品在绿城的所有项目进行推广。2010年5月，园区生活服务体系产品通过住房城乡建设部专家组的课题验收。

绿城服务“园区生活服务体系”由健康服务、文化教育服务、居家生活服务三大子系统组成。健康服务致力于改善业主的生活方式，提高业主的健康水平；文化教育致力于营造浓厚的园区人文氛围，丰富业主的精神生活；居家生活服务致力于满足业主便民服务的需求，便利业主的日常生活。

时至今日，在园区生活服务体系的基础上，绿城服务创建了一条从少儿至老人，从医疗至殡葬，从学前教育至老年大学，对人的生命周期进行全面服务的服务链。长者服务方面，以“颐乐学院”为代表的“走读式”学习模式已经成熟，被誉为中国养老地产典范的绿城乌镇雅园业已交付使用，全覆盖式的长者服务计划已在园区启动。今年暑期，绿城服务联动绿城及蓝城集团开展了“奇妙一夏夏令营”活动，覆盖60多个园区，共2000多名小朋友参加。在“奇妙一夏”活动的基础上，为丰富服务内容，绿城服务还首次尝试了针对18个月至6周岁的小业主提供早教服务，期间共有98名小业主参与了学习体验。

智慧园区服务体系

第三代心理学开创者亚伯拉罕·马斯洛认为，幸福是一定人生阶段内的生理满足的快乐、安全满足的快乐、情感满足的快乐、受尊重的快乐、自我实现的快乐的总和。以幸福为基点，绿城服务推出了其第三代服务产品——智慧园区服务体系，通过构建技术系统（云平台）、服务系统（一体化服务平台）、社交系统（睦邻社）三大系统，旨在让服务更便捷、让生活更安定、让生命更健康、让邻里更和睦。

需要特别说明的是，绿城服务推出的第三代服务产品是由2014年绿城服务与住房城乡建设部共同成立的国家智慧社区联合实验室研发的。在绿城服务公司内部，这被视为绿城服务的又一个服务新纪元。

2015年4月，“绿城智慧园区服务体系”成功申报国家智慧城市专项试点，并确定在杭州绿城蘭园（城市精品公寓）、杭州绿城翡翠城（郊县大盘）、杭州绿城蓝色钱江（城市精品公寓+酒店式公寓集群）、乌镇雅园（学院式养老园区）、新疆百合公寓（城市精品公寓+生态大盘）和杭州绿城桃源小镇（理想小镇）六个典型项目试点。

从业主、员工和企业三个角度来看，绿城服务的智慧园区服务体系初步实现了以下目标：

业主：通过业主端的幸福绿城RIS（“幸福绿城”APP、微信、网站、其他触摸屏等），线上借助智慧管家、业主自治、健康促进、文化教育、友邻社交、金融服务、社区商圈等模块获取所需；线下则在园区五大服务中心，体验金融服务、文化教育、健康养生、休闲运动以及生活服务；抑或借助睦邻社等组织，线上线下参加各种以睦邻交流、邻里互助、园区自治等为主旨的活动。

员工：通过智慧管理系统，线上受理、反馈业主服务诉求、监控第三方商家服务的提供、完成其他日常工作等，线下为业主提供现场服务。同样，第三方商家亦可通过其终端接入数据中心，完成类似操作。

公司：通过数据中心CRM系统，在线监控各分子公司的运营情况；在线进行制度、品质等监督和督导工作；根据数据库提供的客户习惯等数据，策划、调整服务产品；在线完成业主满意率等调研性工作等。

经过一年多的运营，智慧园区服务体系取得了显著成效。以“幸福绿城”APP为例，2014年9月至2015年9月期间，覆盖园区数从8个迅速上升至265个，覆盖家庭数从949个升至11.8万多个，注册用户数从1091家提至14.8万家，整合优质商家逾千家；在线下，已运营健康服务中心66个，金融服务中心36个，生活服务中心200余个，并重点推动房屋返租、拎包入住、金融服务、优品百汇等服务产品的开展。再以睦邻社交系统为例，除了延续往年的红叶行动、海豚计划、颐乐学院等，根据兴趣组建各类睦邻社（球星睦邻社、舞蹈睦邻社、绿跑睦邻社、摄影睦邻社、书法睦邻社、烘焙睦邻社、旗袍社、超级奶妈社、腰鼓社等）500余个，实现社团的线上交流、线下活动。

绿城服务的智慧园区服务体系，是绿城服务在顺应互联网时代业主需求及新时期市场变革的前提下，前瞻未来物业管理行业发展及客户需求衍变，对于幸福生活的全新探索与实践。作为绿城服务的第三代服务产品，绿城智慧园区服务体系充分借助了科技的力量，并在传承、升级基础物业服务和园区生活服务体系的基础上，对资源进行了高效整合，让服务更有价值。

有生命力的企业管控体系

随着“体量”的增长，绿城服务的管理体系面对的是管控跨度快速增加、服务内容无限丰富、服务提供实时响应等方面的挑战。

于是，以灵活的组织面对复杂的环境，通过互联网消除物理距离，将金字塔式的、命令制的科层管理转化为社区制的、共同决策制的同级管理，成为绿城服务企业管理的改革方向——变传统的职能管理关系为市场关系，变领导驱动模式为用户驱动模式，变执行文化为自驱动文化，构建起一个快速、高效、智慧、创新的同级管理管控体系，进而培育一线当家、用户驱动、自动监督、共同成长的生态系统。

绿城服务的同级管理管控体系由组织体系、考核体系、管理体系、创新体系四项体系构成。通过四项体系的牵引，以管理“互联网+”实现了对服务“互联网+”的支撑。

绿城服务推出同级管理管控体系，意在构建具有生命力的组织生态系统。因为，在绿城服务看来，实现品质最优+利润最佳的目标并不矛盾，对于一线员工来说，前者是利益分配系数，后者是利益分配基数，两者均高，方达成个人利益最大化；对于公司来说，前者可通过用户评价机制来实现，后者通过合伙人机制利益共享、风险共担来实现，而合伙人机制和用户评价机制有了数据驱动的管理体系和迭代升级的创新体系配合，才能在确保快速、高效的基础上，同步实现智慧、创新。

为了支撑同级管理管控体系的落地和执行，一方面，绿城服务应用数据驱动思维，对企业原有的管理信息系统进行了升级，将系统平台化，变管理员工为员工自助服务。如启用“绿城购”平台后，绿城服务将原来的采购管理从七步的传统流程变为三步的平台流程，并且平台可以自动形成可视化统计报表，供决策者分析参考。

另一方面，绿城服务推出了容错试错基金和模式，推动传统的“想清楚再干”计划型思维模式向“一边干、一边想、一边试错、一边升级”的迭代创新思维模式转变。目前，绿城服务设立了500万元年度“容错试错基金”，鼓励员工自主创新，并通过搭建BBS论坛、微信群等平台，让所有利益相关方参与决策，挖掘集体智慧。据统计，绿城服务容错试错基金首期申报共收到来自集团旗下不同组织或个人的41项立项申请，涵盖管理类、业务类和技术类。另外，截至目前，绿城服务的17家单位开展的基层员工职能优化试点，预期年度可节约员工成本近2000万元。

此外，绿城服务合伙人机制的推进，也极大地激发了基层管理者的工作积极性，从执行的基础层面，很好地保证了同级管理管控体系在绿城服务整个管理架构中的落地。2015年1月至9月，绿城服务的园区服务收入比上年同期增长60%以上，其中，先行开展合伙人机制的置换公司、酒店公司等收入则翻了一番，不能不说是制度和管理的改革进一步释放了人才和智力的红利。

《大学》里有这样一句话：“物有本末，事有终始，知所先后，则近道矣”，意思是说，要把握道，关键就是要认清什么是事物的根本，什么是事物的枝末，什么是原因，什么是原因导致的结果——用这句话的视角来总结绿城服务的发展脉络和逻辑，其确实已然“近道矣”。

案例来源：《中国物业管理》2015年第12期

6.1 期望理论

期望理论是由美国心理学家和行为科学家维克托·弗鲁姆（Victor H. Vroom）1964年在其名著《工作与激励》中首先提出来的。期望理论的一个基本前提是员工是理性的人，他们在工作前要思考：他们做什么才能赢得奖励，而奖励对他们意义有多大。

期望理论的基本思想是，员工认为努力、绩效和由绩效决定的报酬，以及员工对报酬价值的评价之间的关系，共同决定着激励程度。也就是说，人们只有预期到某一行为能给个人带来有吸引力的结果时，个人才会采取特定的行动。有效的激励取决于个体对完成工作任务以及接受预期奖赏的能力的期望。

期望理论（Expectancy Theory），又称作“效价—手段—期望理论”，如图6–1所示。

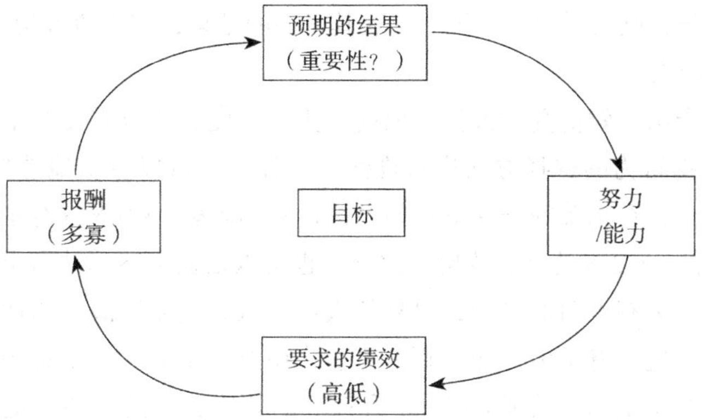

图6–1 期望理论

这种需要与目标之间的关系用公式表示即为：

$$激励力=期望值\times效价 \tag{6–1}$$

在公式（6–1）中，激动力指调动个人积极性，激发人内部潜力的强度；期望值是根据个人的经验判断达到目标的把握程度；效价则是所能达到的目标对满足个人需要的价值。这个理论公式说明，人的积极性被调动的大小取决于期望值与效价的乘积。也就是说，人们只有预期到某一行为能给个人带来有吸引力的结果时，个人才会采取特定的行动，在领导与管理工作中，运用期望理论来调动员工的积极性是有一定意义的。

6.1.1 期望公式

弗鲁姆认为，人们采取某项行动的动力或激励力取决于其对行动结果的价值评价和预期达成该结果可能性的估计。换言之，激励力的大小取决于该行动所能达成目标并能导致某种结果的全部预期价值乘以它认为达成该目标并得到某种结果的期望概率。用公式可以表示为：

$$M=\sum V\times E \tag{6–2}$$

式（6–2）中，M表示激发力量，是指调动一个人的积极性，激发人内部潜力的强度；V表示效价，是指达到目标对于满足个人需要的价值；E是期望值，是人们根据过去经验判断自己达到某种目标或满足需要的可能性是大还是小，即能够达到目标的主观概率。

期望理论的公式可表示为：激励（motivation）取决于行动结果的价值评价

（效价valence）和其对应的期望值（expectancy）的乘积。

1．效价（V）——工作态度

效价，是指达到目标对于满足个人需要的价值。同一目标，由于每个人所处的环境不同，需求不同，其需要的目标价值也就不同。同一个目标对每一个人可能有三种效价：正、零、负。如果个人喜欢其可得的结果，则为正效价；如果个人漠视其结果，则为零值；如果不喜欢其可得的结果，则为负效价。效价越高，激励力量就越大。

该理论指出，效价受个人价值取向、主观态度、优势需要及个性特征的影响。可以根据行为的选择方向进行推测，假如个人可以自由地选择X结果和Y结果的任一个，在相等的条件下：如果选择X，即表示X比Y具有正效价；如果选择Y，则表示Y比X具有正效价。此外，也可以根据观察到的需求完成行为来推测。有人认为有价值的事物，另外的人可能认为全无价值，如1000元奖金对生活困难者可能很有价值，而对百万富翁来说意义不大。一个希望通过努力工作得到升迁机会的人，在他心中，“升迁”的效价就很高；如果他对升迁漠不关心，毫无要求，那么升迁对他来说效价就等于零；如果这个人对升迁不仅毫无要求，而且害怕升迁，那么，升迁对他来说，效价就是负值。再如，吃喝的数量和质量可以表明需求完成的情况，如果吃得多、吃得快，说明食品具有正效价。

2．期望值（E）——工作信心

期望值，是人们判断自己达到某种目标或满足需要的可能性的主观概率。目标价值大小直接反映人的需要动机强弱，期望概率反映人实现需要和动机的信心强弱。弗鲁姆认为，人总是渴求满足一定的需要并设法达到一定的目标。这个目标在尚未实现时，就表现为一种期望，因此，期望的概念就是指一个人根据以往的能力和经验，在一定的时间里希望达到目标或满足需要的一种心理活动。

对于目标的期望值怎样才算适合？有人把它形容为摘苹果：只有跳起来能摘到苹果时，人才最用力去摘；倘若跳起来也摘不到，人就不跳了；如果坐着能摘到，无需去跳，便不会使人努力去做。

由此可见，领导者给员工制定工作定额时，要让员工经过努力就能完成，再努力就能超额，这样才有利于调动员工的积极性。定额太高使员工失去完成的信心，他就不会努力去做；太低则唾手可得，员工也不会努力去做。因为期望概率太高、太容易完成的工作会影响员工的成就感，失去目标的内在价值。所以领导者制定工作和生产定额，以及使员工获得奖励的可能性都存在着适度问题，只有适度才能保持员工恰当的期望值。

弗鲁姆认为，期望的东西不等于现实，期望与现实之间一般有三种可能性，如图6-2所示，即期望小于现实、期望大于现实、期望等于现实。这三种情况对人的积极性的影响是不同的。

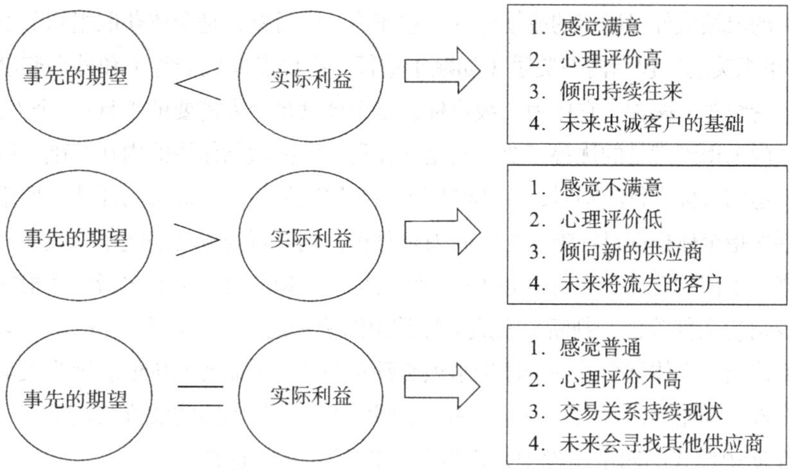

图6-2 客户期望值关系图

（1）期望小于现实，即实际结果大于期望值

一般来说，在正强化的情况下，如奖励、提职、加薪、分房子等，当现实大于期望值的时候，有助于提高人们的积极性，增强人们的信心，增加激发力量。而在负强化的情况下，如惩罚、灾害、祸患等，期望值小于现实，就会使人感到失望，故而产生消极情绪。

（2）期望大于现实，即实际结果小于期望值

一般来说，在正强化的情况下，期望值大于现实，便会产生挫折感，对激发力量产生削弱作用。如果在负强化的情况下，期望值大于现实，则会有利于调动人们的积极性，因为这时人们做了最坏的打算和准备，而结果却比预想的好得多，这自然可以极大地激发人们的积极性。

（3）期望等于现实，即人们的期望变为现实

所谓期望的结果，是人们预料之中的事。在这种情况下，一般也有助于提高人的积极性。但如果自此以后，没有继续给以激励，积极性则只能维持在期望值的水平上。

（4）效价与期望值的关系

在实际生活中，每个目标的效价与期望常呈现负相关关系。难度大、成功率低的目标既具有重大的社会意义，又能满足个体的成就需要，具有高效价；而成功率很高的目标则会由于缺乏挑战性，做起来索然无味，而导致总效价降低。因此，设计与选择适当的外在目标，使其既给人以成功的希望，又能使人感到值得为此而奋斗，就成了激励过程中的关键问题。

6.1.2 期望模式

期望理论中的需要与目标之间的关系用过程模式表示即为个人努力→个人成绩（绩效）→组织奖励（报酬）→个人需要。

在上述期望模式中，"个人努力"指始发行为的强度；"个人成绩"指个人预

期达到的成绩或外界确定的成绩标准，它作为一级目标，是个体获取组织奖励的工具；“组织奖励”包括内在奖励（如赋予重任、提供发展机会等）和外在奖励（如提薪、晋级等）两种，它作为二级目标，是个体满足个人需要的工具；“个人需要”指个体尚未得到满足的优势需要，它是外在目标发挥激励作用的内在基础。该模型说明，运用目标进行激励时，个体经历了两个层次的期望和效价的评估。期望的第一个层次指个体根据目标难度与自我力量分析，判断行为成功的概率。假如这个概率恰当，个体就有信心和动力去实现一级目标。期望的第二个层次指个体根据以往经验及情境条件分析，判断个人成绩导致组织奖励的概率，如图6–3所示。假如这个概率恰当，个体就会进一步评价组织奖励对满足个人需要的价值。因为人与人之间存在着个别差异，所以同一个目标对不同的人会产生不同的效价和期望。

在期望模式的四个因素中，需要兼顾以下三个方面的关系。

1．努力与绩效

人们总是希望通过一定的努力达到预期的目标，如果个人主观认为达到目标的概率很高，就会有信心，并激发出很强的工作力量；反之如果他认为目标太高，通过努力也不会有很好的绩效时，就失去了内在的动力，导致消极怠工。

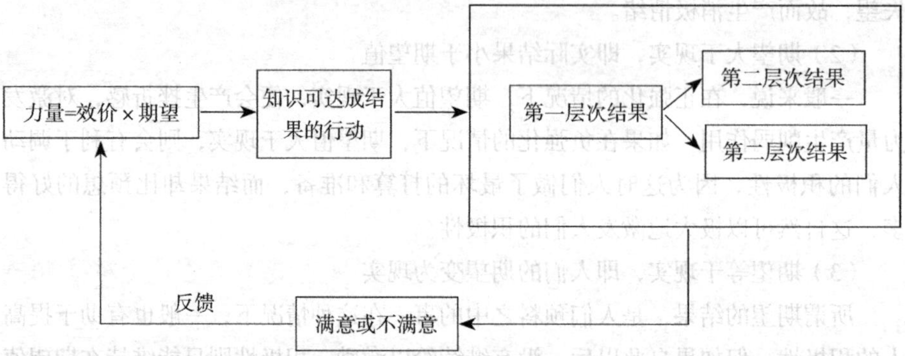

图6–3 弗鲁姆的动机作用模式图

2．绩效与奖励

绩效指个体经过努力取得良好工作绩效所带来的对绩效的奖赏性回报的期望。人总是希望取得成绩后能够得到奖励，当然这个奖励也是综合的，既包括物质层面的，也包括精神层面的。如果他认为取得绩效后能得到合理的奖励，就可能产生工作热情，否则就可能没有积极性。

3．奖励与需要

任何结果对个体的激励的影响程度，取决于个体对结果的评价，即奖励与满足个人需要的关系。人总是希望自己所获得的奖励能满足自己某方面的需要。然而由于人们在年龄、性别、资历、社会地位和经济条件等方面都存在着差异，他们对各种需要得到满足的程度就不同。因此，对于不同的人，采用同一种奖励办法能满足的需要程度不同，能激发出的工作动力也就不同。

6.2 影响客户期望的主要因素

物业服务企业可以通过对客户期望的了解，提供相应的服务，以赢得客户满意。但是，如果客户的期望大大地违背了“质价相符”的原则，那么就必须对客户的期望进行有效的管理，以利用企业有限的资源，最大限度地提升客户满意度。因此，我们需要对影响客户期望的因素进行分析。

1．物业服务企业明确的服务承诺

明确的服务承诺包括两个方面，一方面是强制性的，即法律法规规定以及行业规范确定的企业应该履行的义务，这是物业服务企业必须毫无折扣地执行的；另外一方面就是物业服务合同的约定以及企业做出的公开承诺和指定的服务细则，这是企业可以控制的影响客户期望的少数几个变量之一，所以必须力求简洁、准确。

2．物业服务企业隐性的承诺

隐性的服务承诺则是指企业虽然没有明确说明或提示，但客户可通过价格、服务有形要素等加以感知的服务承诺。例如物业服务企业的员工着装整齐，办公环境也非常漂亮，客户就会对员工的服务礼仪方面有较高的期望。又如项目物业服务收费标准比较高，在业主看来，就意味着与高价相匹配的高服务水平。

3．顾客过去的经验经历

不同经历的顾客有不同的期望。比如一个高级白领以前经常住四星级酒店，现在入住一家两星级酒店，他就会从以前的经历来看这个酒店，会觉得条件较差。若是一个普通农民，以前住过的都是招待所或一般的旅店，一旦入住同一家酒店，他会觉得这家酒店条件很好。顾客的期望随其经验水平的变化而变化，经验越丰富的顾客越抱有更高的期望。

4．物业服务企业的口碑

物业服务的无形性，决定了服务质量是一种感知质量，客户在接受服务前，无法客观地对服务质量有一个判断。在这种情况下，其他相关人员的口碑对其期望的形成就会起到正面或负面的影响。

企业的口碑很大程度上是不可控的。因此，物业服务企业必须做好客户关系管理，塑造良好的企业形象，以最大限度地在客户之间形成良好的口碑。但是，好的口碑也是一把双刃剑，如果口碑过高而感知服务绩效却很低，这会对客户感知服务质量产生严重的负面影响。

5．客户的服务经历

首先，如果客户之前接受过本企业的服务，而同时又没有接受过其他企业的服务，那么，他在本企业所接受的服务经历中很满意的一次将成为理想服务的参照系。这就不难理解若客户对物业服务中心某位工作人员的工作很满意，如果这个员工离开物业服务中心，客户就会以很苛刻的眼光来要求顶替的员工，一旦该员工的服务不如或者是不同于先前的员工，客户就会认为物业服务企业的服务水平在下降。所以，从另一个角度来看，由于物业服务的长期性特点，保持员工队伍的相对稳定性是非常有必要的。

其次，如果客户在接受本企业服务前接受过其他企业的服务，那么他以前接受的服务就会影响其期望。于是就会出现这样一种情况：同样的服务水平，如果客户以前接受的服务档次较低，他就比较容易感到满意；反之，如果客户以前接受的服务档次较高，他就有可能对现有服务不满意。

6．客户的身份及价值观

客户的身份和价值观也会影响客户的期望。如果客户是一名建筑工程师，那么，他对物业服务企业提供的设施设备维修的期望就会较高；如果客户是一位酒店管理人员，他就会对服务人员的服务礼仪有较高的要求；如果客户是一名医生，他就会对环境维护方面有较高的期望。

7．临时性强化因素

某些临时性的强化因素对客户的期望也会有或多或少的影响。例如，物业服务企业的收费服务过程，同一位客户已经习惯了每次大约等待三分钟，只要在三分钟之内完成，他都会觉得满意。但是，当某一天客户有急事需要去办时，他的服务期望就发生了变化，他希望一分钟内搞定。即使客户服务员仍然照常完成了服务，客户也会感觉服务绩效没有达到他的期望，而对此次服务的质量做出负面评价。

8．可选择服务的数量

一般情况下，当客户可选择的余地较大时，他的服务期望往往较高，反之亦然。随着《物权法》的颁布施行，物业服务行业的竞争日趋激烈，客户维权意识也在不断增强，可选择服务的增多对客户服务期望造成的影响，必然会使更多的物业服务企业感受到压力。

9．客户在物业服务过程中的角色认知

物业服务具有互动性，需要客户的参与和配合。经研究发现，自己对所接受服务施加影响的程度，影响着客户的服务期望。物业服务企业可以通过各种渠道和方式，引导客户参与物业的管理服务工作，促使客户真正感知物业服务企业的角色，使客户对物业服务有一个客观理想的认识，纠正不切实际的服务期望，在物业服务区域内真正形成“社区是我家，爱护靠大家”的共建共管氛围。

10．随机因素

随机因素是指客户在接受服务前所遭遇的无法由客户和企业控制的因素。如在非典期间，客户在环境维护方面的期望就会明显超出其他方面；在“5·12”地震期间，客户会对房屋建筑及附属设施设备的安全性给予更多的关注，而相应地，在环境维护方面的期望就会降低。

6.3 客户期望确定

在物业服务企业竞争日益激烈的趋势下，客户是物业服务企业生存与发展的基础，而客户期望值管理是每一个企业都必须面对的。做好期望值管理的关键是要给客户一个合理的期望，让企业与客户朝着一个方向努力，把双方期望值的差距缩小达到双赢的目的。如果企业为客户设定的期望值与客户所要求的期望值之间差距太大，就算企业运用再多的技巧，客户也不会接受，因为客户的期望值对客户自身来说是最重要的。

客户完成消费活动，期望值得到满足的时候，客户满意度就会升高；反之，客户的期望值得不到满足，就会产生沮丧感，由此会导致客户资源的流失。客户期望值管理失败的直接后果就是客户的流失。

结合影响客户期望因素的分析，物业服务企业可以通过以下方式，研究和确定客户的期望和需求。

1．客户投诉分析

客户的投诉可以为我们了解客户的期望和改进服务绩效提供有用的信息。所以，物业服务企业应当建立多种投诉渠道，对客户的投诉进行及时的处理，并定期进行统计分析，采取有效措施，避免服务差错的重复出现。

2．服务回访

及时的服务回访，不仅可以促使物业服务人员为客户提供优质服务，也是了解客户期望的一种有效手段。

3．客户沟通

物业服务企业还要通过多种方法，与客户保持有效沟通，随时了解和掌握客户不断变化的期望。

4．员工意见调查

物业服务人员直接为客户服务，他们对客户的期望是最有发言权的。管理人员应虚心听取一线服务人员的意见和建议，鼓励他们将客户的需求随时进行反馈。

5．客户满意度测评

相对于前文所述的服务回访和客户沟通，客户满意度测评是比较正式的方法。物业服务企业通过定期或不定期的客户满意度测评，不仅可以了解客户对服务质量的评价，还可以从另一个角度把握客户的期望变化。

6．正式的客户期望调查

物业服务企业在承接新的物业项目时，为了使物业服务内容和质量标准能够最大限度地满足目标客户的期望，就必须进行正式的客户期望调查。

6.4 客户期望管理

从“客户满意三角定律”中的三个方面即客户满意度、客户期望值和客户实际体验来看，虽然客户期望是反作用于客户满意，但也并不是越低越好，如果客户期望很低，那说明客户对服务或产品无所求，也即可有可无，更谈不上满意及忠诚。因此，要做到合理调控客户的期望，一方面要积极面对客户的期望，不断地改善自我的服务，另一方面则要合理的引导客户的期望，从源头出发，尽可能的规避客户“不合理期望”的出现。

1．客户期望管理方法

（1）实行分层分级服务，严控宣传引导环节

分层分级服务，已经在各行各业的呼叫中心得到有效的普及和推广，比如VIP客户、普通客户等服务层级，针对这些层级，设置了不同的服务内容和服务资源，且有明显的区别。毋庸置疑，这为VIP客户提供了优越的服务体验感知，但是，如果宣传引导方式或途径不当，这些特殊的服务信息就可能会被普通客户所获知，普通客户在不知情的情况下就会形成相应的期望，而在实际的客户体验中却不能得到需求的满足，从而会造成客户的不满。因此，在实行分层分级服务时，配套的宣传和引导尤为重要，在VIP客户的彰显尊贵以及普通客户的期望管理之间找到一个最佳的平衡点。建议在分层分级服务的宣传上，选择在VIP客户内部传播服务的特色并做出与普通客户服务内容鲜明的对比，以凸显VIP的价值，而谨慎采用大众媒体方式进行传播宣传。

（2）从细节入手，做好对客户的承诺管理

对客户的承诺，也是影响客户期望的重要因素。呼叫中心作为与客户接触最广泛的渠道之一，客户承诺对客户期望的影响更为明显。呼叫中心可以借鉴客户期望评测结果，一方面优化流程，尽可能地弥补与同行的指标差距；另一方面，重点关注与客户的接触细节，严密把关每一处对客户的承诺细节，在对客户作出承诺时多留一些余地，坚决杜绝为迎合客户意愿而开“空头支票”的现象。

（3）创新服务，避免造成客户的思维定势

客户的思维定势，是客户期望控制的天敌，一旦形成思维定势，客户对服务体验的感知就会成为习惯，认为理所当然，随之而来的客户期望也会提高。因此，为避免客户的思维定势，必须不断推陈出新，以变应变。呼叫中心专家座席的设置、IVR引导语及相应流程的变革、客户问候语的优化、呼叫中心多媒体服务方式等创新型服务举措，能够不断给客户提供新的体验感知，有效地避免客户思维定势的形成，达到合理控制客户期望的目的。

2．客户期望管理步骤

客户期望管理的四个步骤分别为：

（1）企业要了解顾客对服务的期望，创造能够兑现的顾客期望；

（2）采用对顾客期望产生重要影响的间接方式；

（3）企业员工要与顾客保持沟通；

（4）企业一定要尽一切可能来兑现对顾客的承诺。

3．客户期望管理实施

企业要有效地进行客户期望管理，应注意以下实施要点：

（1）对客户坦诚相告

很多物业服务企业制定了多种服务内容，以及对员工的工作要求和考核标准，但是对客户的告知与宣传力度却有所欠缺。因而，客户对自己应获得哪些服务，哪些服务是超值的知之甚少。他们对服务质量的评价只是一种模糊的认识，并没有统一的衡量标准，导致客户实际感知的服务与期望值之间存在差距，而这种差距往往是客户满意度下降的直接原因。

因此企业应该针对所认知的客户需求和自己所能提供的产品和服务状况，向客户客观地描述自己的产品和未来的发展前景，使他们能够清晰地了解到自己所能得到的价值。要坦诚地告知客户，哪些期望能够得到满足，哪些期望不能得到满足。

（2）要客观评价产品与服务

一些企业为了增加销售额，营造良好的企业形象，常常夸大自己的产品、技术、资金、人力资源、生产研发的实力等，借此提高自己的身价。尤其是在某些产品的推广活动中，更是夸大产品的能效，人为地制造客户的高期望值。这种接近欺骗的手段，在一定程度上伤害了客户的信任度，虚假地拉升了客户的期望值。

当客户接受该公司的产品后，如果发现没有购买到自己期望的产品，尤其这种期望是企业已经承诺可以达到的，客户往往会把一切责任都归结到企业身上。这将导致客户的期望大幅度下降，如果企业不采取紧急行动——危机公关，挽救形象，那么企业的产品在该部分地区的销售将会面临严峻的考验。

（3）与客户有效沟通

在向客户介绍产品和服务时，一定要与客户进行有效的交流和沟通，以便全面了解客户的真实意图，切忌猜测客户心思，产生不必要的误解。有效的沟通是产生客户期望值的基础。企业员工不可贪图方便，减少与客户当面沟通的机会。

有效的沟通可以让客户更好地了解公司，也可以更好地让公司来了解客户，了解客户对产品与服务的要求和期望；通过沟通能够使客户明确企业的相关职责和服务范围，让客户知道并不是所有的需要都由企业来承担，与客户达成共识可以有效地控制客户的期望值。企业还应该通过沟通向客户公开服务内容以及服务标准，及时准确地向客户传递服务信息，同时有效地接受客户监督，对服务中存在的问题能够及时高效地解决。

（4）严格执行标准

企业要在实际的操作过程中严格遵守已制定的服务内容与标准，对客户的承诺一定要做到，否则将会适得其反，使客户的满意度大大降低。要有效地执行相关规定，首先要加强对员工的业务技能培训，通过强化学习来提高员工的责任感和服务水平。其次要坚持监督考察工作，通过建立投诉热线以及走访客户提高员工的业务水平和服务能力。

（5）加强过程的美感

企业所提供的过程与服务应该重视包装，注意体现形式美。因为客户需要通过切实的、让人可以感受到的东西来证明他的消费是被重视的、是有价值的，特别是提供不可触摸特性的服务产品，更需要有可以清楚地可验证的东西。一份策略周全的考虑，经过整理成文，得体包装，恰当视觉化，附议创意简报，几套故事版案例，这样的成果无时无刻不在提醒客户注意他所接受的体贴服务。超越客户的期望值，就会形成高的客户满意度。

（6）对客户的要求要谨慎

如果企业总是义务地承担额外的服务，那么客户就会习惯性地接受这一点，认为这本来就是自己应该得到的服务。一旦企业有一次未能“正确”地完成这些额外服务，企业将要面对的就是客户的不满。所以在客户提出额外的要求时，企业要谨慎处理。最好的方法就是企业明确自身的服务内容，清楚地向客户表明哪些服务是额外的，然后在能力范围内尽可能帮客户解决问题。对于企业确实无法做到的事，可以给客户推荐相关资源，努力与客户一起解决问题，让客户觉得企业是“有办法”和“负责任”的，而不是局限的、自私的。

4. 加强客户期望值管理

由于市场机制的不断完善和行业竞争的日渐加剧，“以客户为中心”的理念已成为大多数企业经营的共识。如果说“客户是上帝”，一方面“上帝”希望以更低的价格获取更好的产品和服务，另一方面企业则需要从“上帝”那里获取适当利润并保持健康发展。随着“价格战”、“服务战”愈演愈烈，如何管理和平衡客户期望值成为很多企业面临的一个关键性的现实问题。

根据客户关系管理（CRM）中的三角定律，客户满意度=客户体验–客户期望值。客户期望值与客户满意度成相对反比，因此需要对客户期望值进行引导并使之维持在一个适当的水平上，同时客户期望值需要与客户体验协调一致。

加强客户期望值管理的出发点是分析客户期望的主要决定因素，包括口碑、品牌推广、客户价值与客户背景、环境与客户生命周期、原有体验以及其他相关体验等因素。这就要求深入洞察客户，尤其是面向大众市场的企业，更需要分析特征和需求各异的客户，并重点关注两个关键点：考虑适当的差异化并识别目标客户、锁定目标客户的核心诉求点。

落实客户期望值管理是一项执行相对困难的工作。客户期望值管理不宜视为一个独立职能和工作，而应以客户关系管理（CRM）理念为指导，以客户—产品—渠道（C—O—C）为主线，在与客户相关的各个环节和人员中树立客户期望值管理的观念，并结合策略、流程、系统、组织等层面进行系统化的管理。

（1）客户

客户是永远的中心，客户期望值管理的关键在于从客户需求出发，深入了解各类客户的特点、消费心理和行为以及核心诉求点，在此基础上合理定位和分类客户的需求与合理期望值。其主要的行动过程包括：客户资料的收集和整理、客户数据的挖掘和组合分析、多维度客户细分、客户生命周期分析等，并将这些分析结果应用于实际的客户策略和具体方案的制定中。

（2）产品和服务

产品和服务是传递企业价值与满足客户需求的重要载体，因此，需要平衡各类客户需求与公司价值目标，指导产品的开发与推广，并体现差异化服务。其主要的行动过程包括：针对不同需求和期望的客户群，进行现有产品、服务以及营销方案的匹配和特色产品、服务的开发，并为客户提供合适的信息与多种个性化选择。

（3）渠道

除了锁定合适对象、提供适当产品和服务外，如何进行适当的接触、沟通、销售和服务对于客户期望值管理也是非常重要的。针对不同客户分类、渠道偏好与产品和服务的特点，需要选择适当的渠道与适当的客户进行消费前、中、后的多方位沟通，并提供适当的产品和服务。其主要的行动过程包括：加强不同层面渠道的量化监控以及客户渠道偏好分析，并据之引导渠道迁移和客户、产品的匹配。

此外，加强客户期望值管理还需要关注客户期望在不同客户生命周期阶段和不同情形下的表现，并重视对竞争对手（或可类比需求消费）的实时跟踪，从实际情况出发，做到知己知彼、灵活处理、扬长避短、有的放矢。

例如目前面临激烈价格战的移动通信行业，品牌更好的企业容易处于被动的地位。这种情况下，主导运营商往往需要在客户期望值上升和公司存量收入和利润的降低之间进行平衡。在应用客户关系管理（CRM）的能力积累以及对客户需求和期望值了解和分析的基础上，一方面顺应市场竞争趋势，实现客户期望值和降价的软着陆（而不鼓励跳跃式客户期望增长）；另一方面结合目标客户分类，通过优化忠诚度计划，为中高价值客户提供更多增值服务，提高客户忠诚度并拉动存量市场的增长；此外，为低价值客户针对性地推出简单方便、服务成本较低的产品方案，满足此部分客户对低端产品的价格期望，维持新增市场并培养消费习惯。这样既满足了不同诉求点客户的需求，又平衡了客户期望值与公司利益，并保证了公司的长期客户发展和效益。

5．在管理中应用期望理论

以期望理论为指导，反映需要与目标之间的关系，为激励员工，企业必须在管理过程中让员工明确：

（1）工作能提供给他们真正需要的东西；

（2）他们欲求的东西是和绩效联系在一起的；

（3）只要努力工作就能提高他们的绩效。

本章小结

本章主要讲述了弗鲁姆的期望理论以及期望理论的模式，期望理论在员工期望管理中的应用，给出了物业服务客户期望的定义即客户在接受服务前所具有的信念或观念作为一种标准或参照系，与实际感知服务绩效进行比较后，形成的客户对物业服务质量的判断。本章介绍了影响客户期望的主要因素，阐述了三种客户期望管理的方法、客户期望管理的四个步骤和实施要点，以及如何加强客户期望值的管理。同时，结合影响客户期望因素的分析，阐释了六种研究和确定物业服务企业客户期望和需求的方法。

思考题

1. 简述维克托·弗鲁姆（Victor H. Vroom）期望理论。期望模式中的四个因素有哪些？期望理论的公式是什么？

2. 简述客户期望值管理方法与步骤。

3. 影响客户期望的主要因素有哪些？

4. 客户期望管理有哪些步骤？

5. 企业要有效地进行客户期望值管理，应注意哪些？

6. 企业如何确定客户期望？

附：物业客户期望调查表

为了不断提高管理的服务质量，我们非常希望了解您对我们物业服务中各项服务的真实感受，请在您认为最合适的选项中划“√”。该调查是我公司对物业服务工作满意度进行的调查，同时也是我们今后改善物业管理的依据。

业主姓名：

业主学历：

业主住址：

业主电话：

一、管理服务类

（1）您对物业工作人员的行为规范、服务热情是否满意？

□非常满意　□基本满意　□不满意　□非常不满意

（2）您对物业服务公司客服热线的接听及时率是否满意？

□非常满意　□基本满意　□不满意　□非常不满意

（3）您对投诉的处理是否满意？

□非常满意　□基本满意　□不满意　□非常不满意

二、秩序维护服务类

（1）您对秩序维护工作是否满意？

□非常满意　□基本满意　□不满意　□非常不满意

（2）您对秩序维护员夜间巡逻密度、巡逻线路是否满意？

□非常满意　□基本满意　□不满意　□非常不满意

（3）您对严格控制外来车辆、外来人员入内是否满意？

□非常满意　□基本满意　□不满意　□非常不满意

（4）您对车辆停放秩序是否满意？

□非常满意　□基本满意　□不满意　□非常不满意

三、保洁服务类

（1）您对保洁服务人员的工作态度是否满意？

□非常满意　□基本满意　□不满意　□非常不满意

（2）您对道路的卫生是否满意？

□非常满意　□基本满意　□不满意　□非常不满意

（3）您对进户门内和公共区域的卫生是否满意？

□非常满意　□基本满意　□不满意　□非常不满意

（4）您对绿化是否满意？

□非常满意　□基本满意　□不满意　□非常不满意

四、维修服务类

（1）您对目前维修服务工作总体评价？

□非常满意　□基本满意　□不满意　□非常不满意

（2）您对维修服务人员维修的及时性是否满意？

□非常满意　　□基本满意　　□不满意　　□非常不满意

（3）您对维修服务人员维修的质量是否满意？

□非常满意　　□基本满意　　□不满意　　□非常不满意

五、其他类

（1）您对我们物业整体的服务是否满意？

□非常满意　　□基本满意　　□不满意　　□非常不满意

（2）你对物业服务不满意的主要原因是？（可多选）

□人员素质低　　□服务不到位

□服务态度差　　□资金使用不透明

□不听取业主的意见□安保服务不到位

□其他＿＿＿＿＿＿＿＿＿＿

（3）您认为一个好的物业管理公司主要应具备哪些条件（可多选）？

□及时完善的专业服务　　□价格合理

□有资质　　□从业人员素质较高

□其他＿＿＿＿＿＿＿＿＿＿

六、您对目前物业工作有何其他方面的建议和意见？

七、您还需要我们提供哪些服务内容？

再次感谢您的支持和配合！我们将不断努力，为您提供满意的服务。

XX物业服务企业

年　月　日

7

物业客户满意度测评

本章要点及学习目标

通过本章的学习，要求掌握满意度测评的概念、满意度测评的实施过程与方法、信息化手段实现满意度测评的工作程序，以及物业管理满意度测评的作用及意义。了解满意度测评技术的发展历程和互联网技术与物业管理结合的亮点及案例，熟悉“互联网+物业”模式及特点。

案例导入

龙湖物业的客户满意度服务追求

哲人说：生命的本质在于追求快乐，龙湖物业在追求商业成功和质量管理的过程中，也在践行着这一朴素的理念。用服务创造快乐，用事业诠释快乐。

服务者的快乐

落叶与秋天，原本是再寻常不过的事情，但在龙湖物业员工的眼中，这会是一个浪漫的邂逅——园区内草坪上秋日金黄的落叶，在将被除走之前，龙湖物业的员工用一幅幅简单而可爱的图画让它们短暂的聚拢：一颗饱满的心、黄灿灿的星星、小巧可爱的小树……

在业主眼中，龙湖物业员工的工作是“用心”的，业主们也非常享受这些用心的员工随机搞出来的小创意，他们和自己的孩子在这些可爱的树叶造型旁边拍照发到朋友圈，与自己的朋友分享这种小惊喜，于是龙湖小区内的那份“用心”变成了快乐，飞出了围墙，飞落传递到更多的社区。

龙湖物业的员工是热爱生活的，对物业这份并不那么“光鲜”的工作他们有自己的定义和情怀。他们既能遵守工作的规矩，又不会因规矩而放弃在工作中寻找乐趣。用秋叶在草坪做画如此，用五色颜料将下水道井盖画成各种有趣的卡通形象如此，用园区内剪除的竹枝造型成草坪“小品”亦是如此。龙湖物业员工对工作的这份朴实的情怀不仅体现在创造快乐，也体现在被“追求卓越的智慧与激情”文化感召下的职业追求上。

以服务让业主更加满意

这是发生在重庆龙湖悠山香庭的真实事件，电梯里被人泼洒了一地热汤热饭，已经够让人懊恼的了，然而秩序维护员黄令并没有仅仅请同事简单打扫干净了事，他通过查看监控，了解到了事实的经过。原来业主是小两口，因为心疼帮自己看管装修的父母，特意为两位老人做了午餐送过来，可因为自己不小心给打翻了。他们对新房周围的环境也不熟悉，不知道去哪儿能买到可口的饭菜，大中午的，天气又热，怕出去吃两位老业主身体不适，小两口正在为此自责。听完业主的讲述，黄令立马提出由自己去为两位老人代买午餐，先给两位老业主垫垫肚子，还详细询问了老业主有哪些忌口的食物，仔细记录在手机上。

龙湖物业员工一直有一句话：“超出业主的期望，哪怕是一点点，也是有价值的。”请同事把电梯打扫干净，员工已经完成了规矩的要求，但基于想弄清楚事件的原因，员工按图索骥探索到事件之外的故事，最终还自然而然地做了超出客户期望外的服务，这种看似在服务合同之外的服务行为，其实完全可以不做。龙湖物业除了有企业长期灌输的管理理念以外，员工本身也是有着一份不妥协于碌碌无为的职业情怀。物业管理过程中的“服务”、“客户需求”、“客户满意”“服务质量”没有固定的模式和答案，在这样的环境下，龙湖物业用“善待你一生”的经营理念，一方面教育了员工，另一方面也让企业在不断变化的市场中因紧握

“客户至上”这个法宝而屹立不败。

做一家快乐的企业

重庆龙湖某个小区住宅楼外墙出于美观考虑，设计了一个铝合金的隔扇，从一楼到高层都有。小区秩序维护班长发现后给工程中心打电话，认为这个设计不安全，怕不法分子会顺隔扇爬进来作案。于是管理层开始讨论，想出来的都是笨办法，如在外面加铁丝网，但肯定影响美观；或者改成竖向设计，但成本又很高。后来，客服中心的基层员工在讨论时，有一位员工提了一个非常有意思的建议，那些隔扇板是用螺丝钉固定的，那么能不能把螺丝钉拧得松一点，这样并不影响美观，但如果不法分子爬上去就会掉下来，这基本上没什么改造成本。有时候，你不得不佩服他们的创造力。这个建议当然被采用了，这名员工因此获得了公司的激励奖金。从另一个维度来看，龙湖物业是一家通过让员工有尊严、快乐的工作，进而获取业主满意的企业。业主总是通过感知员工进而感知物业，业主对企业的满意，更多程度上是对向其提供服务的企业员工满意。通过发现龙湖物业是如何让其员工“满意”的，就能发现其让业主满意的秘籍。

在龙湖物业有一条企业文化叫“快乐工作、快乐生活”，除了倡导员工要快乐，企业也创造各种条件让员工快乐。减轻员工的工作强度，改善工作环境，让员工轻松、体面地工作与生活，成了龙湖物业多年的管理提升目标。

在改善环境和生活方面，龙湖的每个项目都配备有员工活动室，在住所配有微波炉和冰箱。在网络时代，门岗和员工宿舍还配备了WIFI，让年轻的员工能在闲暇之余在网络上释放压力。龙湖物业每个月都有员工自愿选择参加的成长沙龙，沙龙主要是才艺培训或知识技能培训，此类由公司提供学习机会，但对员工参与没有强制性要求的做法，也透露出龙湖物业这家公司对员工的信任及授权式的管理方式。

在龙湖物业工作满十年的老员工，会由龙湖物业出资鼓励员工带上家人出去度假。龙湖物业还有一个互助基金，这个基金由员工“众筹”出资，龙湖公司也会投入资金保证基金的持续运转，包括吴亚军本人也曾以个人名义注入这项基金，如遇有某个员工或其家里突发需要救助事件，这笔基金会用于援助员工家庭，解决员工后顾之忧。倡导和培养员工懂得享受生活和追求生活品质，同时也在员工有后顾之忧的时候，成为员工心中的一份踏实的支撑，这种有温度的雇佣关系本身就会让人感动。给员工提供有竞争力的薪资，这是对他们的基本尊重。龙湖物业每年年末会进行一次薪酬梳理回顾，奖励和激发员工创造性完成工作，还会通过激励基金进行鼓励。

用心传播快乐

2015年1月28日早上7点半左右，龙湖南苑队员刘永平正在进行交接班准备，发现一位老人拖着皮箱，在小区外的路边等出租车。刘永平认出这是小区内的业主，且这位老人家还因脑溢血留下后遗症，容易精神恍惚，平时很少出门，就算出门也会有家人陪同，这次单独出门实在有些奇怪。

刘永平正准备上前问候，顺便了解情况，但老人已经坐上了出租车。小刘果断拦下出租车，试着与老人交流，但老人对他不理不睬，而且脸色不好。此时老人强烈要求出租车司机赶紧开车，情绪很激动。小刘见拦不住车，只好记下出租车的车牌号、司机姓名及联系电话，然后，立即通知小区中控室联系老人的家人，通过出租车信息，老业主的子女联系出租车公司最终将车叫回了龙湖南苑。原来老人是和家人拌嘴，生闷气出走。老业主的子女对刘永平“多此一举”的行为非常感激，在掏钱表达谢意被拒绝后，老业主的子女对刘永平说，以后有事需要帮忙千万别客气。

重庆龙湖西苑的一位患有心脏病的老业主，因担心自己独自在家如遇意外无人救助，放心地将自己的生命托付给龙湖物业，让物业人员随时关注他在家中的状态，而物业人员也时刻加强了对老业主的关注和支持。蓝湖郡一位腿脚不便的老人，因一次在园区散步摔倒，被正在园区内巡逻的秩序维护队员救助后，这名队员用自己掌握的按摩技术每天抽空帮老人按摩腿和脚，并搀扶老人在园区散步。之后，家人眼中的倔强老头儿也变得随和了，而那位普通的秩序维护队员也重新认知了这份工作的含义。

这种“用心”的管理方式最终成就的是员工对企业的归属感和自豪感。试想一下，业主在不断接触一群有着自信、积极态度的物业员工时，多少是能够被感染的。很难分清到底是龙湖物业的员工先感动了业主，还是这些有情义的业主先感动了员工和企业，总之这种超越金钱的互助情愫已成为龙湖物业这个企业、这群员工和这群业主之间的默契，也正是在这种默契下，龙湖物业的品牌声音里，总是蕴藏着一种较难说明的朴实华丽感。

在各种场合，龙湖物业习惯用讲故事的方式来做自我介绍，在行业内介绍自己优秀的管理经验，或是被同行追问客户满意度的管理秘诀，龙湖物业都会用一个个案例来介绍，没有复杂的战略图体系表，也没有时尚前沿的包装。

龙湖物业有一条原则和文化用语，是公司创始人在创建龙湖物业最初就定下的，那就是“将简单平凡的事情正确的重复成百上千遍就是不平凡”，这条不成规矩的规矩，始终都是龙湖物业人思想里那根有力的“风筝线”，既要抵抗高空气流带来的越来越大的牵引力，又要坚韧地守住风筝与大地的连接。可见，龙湖的朴素情感背后，是对服务不懈的坚持、再坚持。

案例来源：《城市开发：物业管理》2016年第4期

7.1 满意度测评概念

7.1.1 概述

满意度测评是指客户对产品或服务的评价（是一个数值）。满意度测评技术的满意度指数模型适用于国家、行业层面的满意度调查，第1代到第10代的满意度调研技术，并不是相互替代的关系。每一代技术适用不同类型、不同发展阶段的企、事业单位需求，循序渐进地采用有针对性的技术级别，可实现有效的管理和显著提升服务水平。

满意是一种心理状态。它是客户的需求被满足后的愉悦感，是客户对产品或服务的事前期望与实际使用产品或服务后所得到实际感受的相对关系。如果用数字来衡量这种心理状态，这个数字就叫做满意度，客户满意是客户忠诚的基本条件。

满意度是通过评价分值的加权计算，得到测量满意程度（深度）的一种指数概念。国际上通行的测评标准为CSI（用户满意度指数）。

7.1.2 满意度调查技术发展历程

满意度调研进入中国10多年的时间，从最初的服务落实度调查，到感知质量调查，到满意度指数模型调查，不断与多种研究技术和理念相结合，发展出满足不同需求的满意度调研技术。根据满意度调研关注点和解决问题的不同，到目前为止，满意度调研技术可归纳为10代。

整个10代的满意度调查，前3代是基础，经历了从服务过程调查（第1代）到服务效果调查（第2代），从服务质量调查到满意度指数调查（第3代）的发展过程。后7代是在前3代的基础上，根据不同应用要求延伸发展而来。以提升不满意客户为关注点，发展了不满意度调查（第4代），短板改进调查（第5代）；为优化资源配置策略、确定资源投入边界，应用发展了KANO模型（第6代）；为分析差异化服务需求，将U&A研究（第7代）融入了满意度调查，第8代满意度重点关注高满意人群；第9代将提升用户体验作为调研重点，第10代强调以满意度调查为核心建立服务管理体系。

各代满意度调查技术的具体介绍如下：

第1代，落实服务标准，规范员工行为——服务落实度调查。

1965年，美国学者Cardozo首次将“顾客满意”概念引入商业领域，服务质量研究在西方国家逐渐兴起，企事业单位认识到服务质量的重要性，开始接受和应用服务质量方面的市场调查。满意度调研作为服务质量的测评工具，最初关注地是对服务过程的调查，检查工作人员是否按照服务规范操作，所以也被称为“服务落实度调查”。

服务落实度调查通过服务规范的落实检查，将调查数据作为通报或考核的依据，从而传递服务压力，督促员工落实服务标准，规范员工行为，培养员工良好的服务习惯。

服务落实度调查主要采用两种方式，一是以问卷方式，在门口用电话回访，让客户确认之前工作人员是否有按规范操作；另外一种方式是神秘顾客检测（暗访），如营业厅、汽车4S店、百货商场等暗访，主要针对一线窗口部门，假扮客户接受服务，全程录音录像作为证据。问卷方式覆盖面广，成本低，但考核证据力较弱，神秘顾客检测方式成本高，但有录音录像，考核证据力强。

第2代，衡量服务效果，评价前后端服务绩效——感知质量调查。

随着众多学者对客户满意研究的深入，1985年开始，学者们发现消费者对质量的理解与企业对质量的理解不同，因此将服务质量分为“客观质量”和“感知质量”。客观质量是生产导向，感知质量是顾客导向，两者存在明显差异，客观质量好的服务，感知质量不一定好。感知质量是消费者感受到的服务质量，受消费者背景和偏好的影响，在事实上影响消费者的决策行为。在这样的背景下，顾客导向型的满意度调查开始普及，由于是把消费者的感知质量评价作为服务质量的评价标准，所以这时的满意度调查也被称为“感知质量调查”。

与服务落实度调查“服务过程”不同，感知质量调查不是向客户询问确认工作人员做了什么，而是直接询问服务感受或满意程度，关注的是客户“感受到的服务质量”和最终的“服务效果”。

感知质量满意度是对服务效果的评价，所以与服务落实度调查只能评价前端部门不同，感知质量调查中不与客户直接接触的后端部门也能被评价，从而构成完整的前后端服务评价系统。感知质量满意度指标体系根据客户与企事业单位接触的服务流程、环节、触点，按照逻辑包含关系，分为一、二、三级指标，逐一对应，关联到各相关责任部门。

感知质量调查特别关注客户关心什么，哪些是关键影响因素。利用统计技术，可计算出各级指标对上一级指标的影响强度，从而找出关键影响因素；结合指标满意度表现和影响程度，找出服务短板，优化资源配置，如图7–1所示。

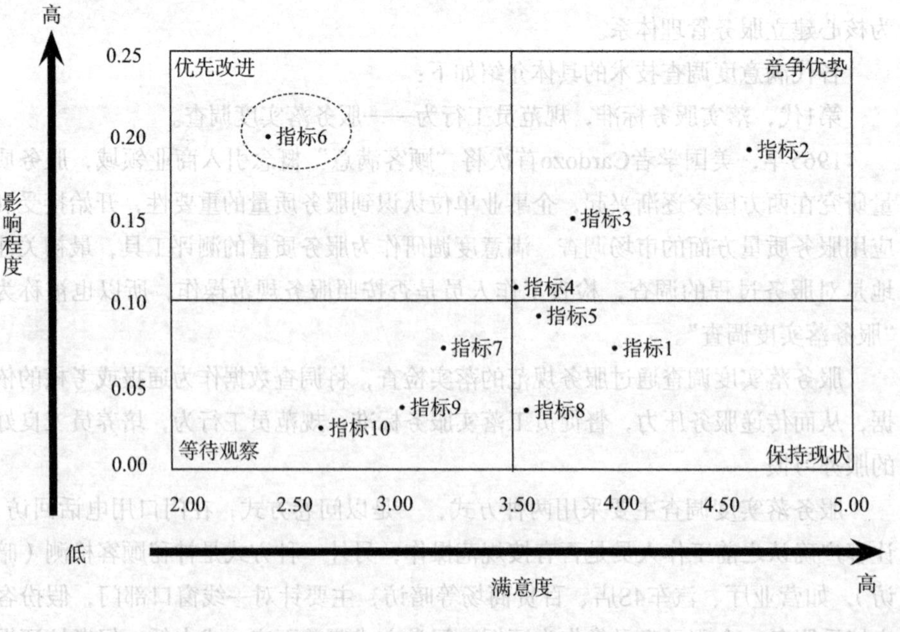

图7–1 满意度—影响程度交叉矩阵图

同时，由于服务落实度调查对规范员工行为特别有效，所以并没有被替代，还发展出“神秘顾客”这样新的调查方式，被广泛应用于各个企事业单位，尤其是窗口部门。

第3代，宏观角度衡量服务，跨行业/企业可比——满意度指数模型调查。

1988年，美国学者Fornell将结构方程和满意度形成心理路径相结合，提出了新的满意度模型，成为世界各国制定国家满意度指数模型的基础，瑞典最先应用推出SCSB，之后不断发展为ACSI、ECSI。2001年开始，原信息产业部开始对全国各电信运营商进行顾客满意度指数研究，并逐年公布电信行业顾客满意度指数（TCSI），并把满意度测评分数纳入KPI，这大大推动了满意度指数模型在中国的推广应用和技术发展。

服务质量不等于满意度，满意度指数模型认为除了“感知质量（即服务质量）”外，“品牌形象”、“用户预期”、“价值感知”都是影响客户满意度的因素，并且在4个满意度影响因素之间存在路径和因果关系，形成一个结构方程，如图7-2所示。

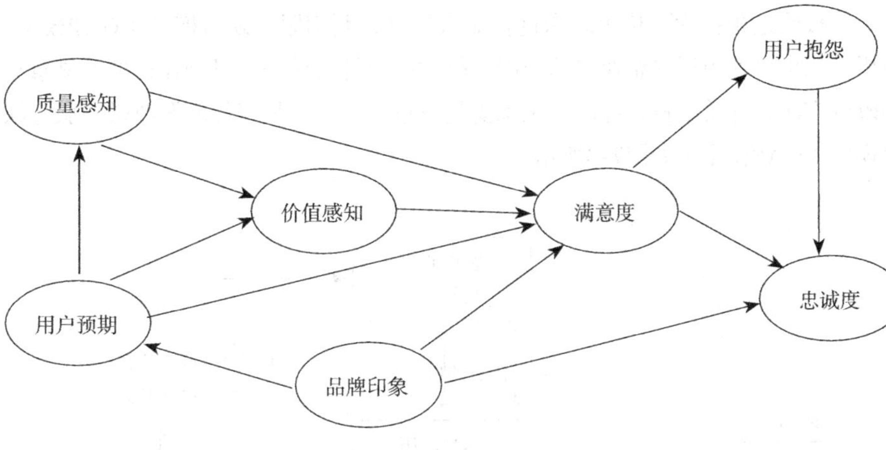

图7-2 满意度指数模型

满意度指数模型适用于国家、行业层面的满意度调查。因为企事业单位之间的服务存在明显的差异性，某一个单位的感知质量满意度模型并不能适用另一个单位，所以如果要对整个国家或整个行业进行满意度调查，就必须有一个与企事业单位差异性无关的模型。满意度指数模型是根据客户满意度形成的心理路径设计，与企事业单位服务的差异性无关，因此满意度指数调查具有跨行业、跨企业可比的特点，如中国电信行业的指数模型TCSI。

对于企事业单位的满意度测评来说，满意度指数模型的优势在于更完整地揭示了满意度的影响因素，站在了一个更高的层面看问题。不足之处在于，满意度指数模型的设计消除了单位差异性的影响，使各个单位在很多个性化、细节上的问题得不到体现，而且“品牌”、“预期”、“价值”等因素属于很难控制甚至不可控的因素，需要企业高层跨部门联合才能推动，对于企业的服务管理部门来说，其服务改进重点仍只能着手于“质量”部分。因此，企事业单位在应用满意度指数模型时，仍要结合感知质量模型，这也使得问卷长度会大大地增加。

第4代，关注不满意客户，了解客户为什么不满意——满意度+不满意度调查。

通过感知质量满意度或满意度指数模型调查，管理者清楚了单位的服务水平和客户不满意的方面，在此基础上，管理者自然会非常想了解客户为什么不满意。

2004年前后，不满意度调查的概念一经推出，马上得到了众多企事业单位的认同和应用。不满意度调查，深化了对“不满意客户”的访问，具体深入了解客户不满意的方面和原因，使管理者能场景式感知客户的不满和抱怨。

第5代，关注企业内部服务缺口，推动短板改进——满意度+短板改进。

不满意度调查是从客户角度收集意见，而短板改进是要从企业内部寻找原因。客户的不满总是来源于企业行为，短板改进就是要把导致客户不满的企业行为找出来，分析原因，从而针对性地进行改进。

短板改进的概念在质量管理体系中早已存在，但之前更多是在工业领域，应用于产品生产流程和工艺的改进。2005年开始，中国移动各省市公司纷纷进行服务短板改进，巨大的调研需求极力推动了短板改进调研技术的发展。

短板改进根据六西格玛理念进行短板管理，利用服务缺口模型（GAP模型）分析，找出导致短板的企业内部原因，据此提出针对性的、可操作性的改进意见和改进方法；并关联责任部门，跟踪衡量改进效果，考核督促问题改进。服务缺口模型（GAP模型）如图7–3所示。

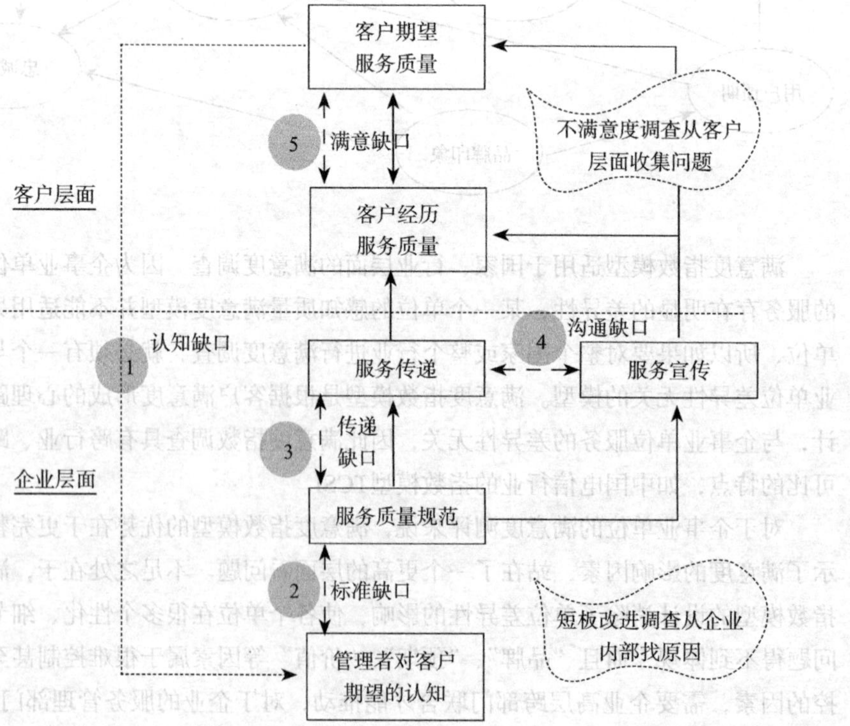

图7–3 服务缺口（GAP）模型

第6代，优化资源配置策略，确定资源投入边界——满意度+KANO分析。

满意度并非越高越好，满意度的提升需要巨大的资源投入。之前的满意度调研分析，重点在于找短板，改进短板，但对短板应该改进到什么程度、优势因素应该保持在什么水平、各个因素应该采取什么样的投入策略等，并没有给出答案。管理者在持续的服务提升过程当中会产生问题："某某方面，年年都在增加投入，究竟要提升到什么水平才够？某某方面，客户已经很满意了，那是不是可以缩减投入？"

KANO分析通过把各服务要素分为三类，明确三类要素的意义及目前所处位置，优化资源配置的策略，确定资源投入的边界，解决管理者的上述问题，实现更精细地资源优化配置，让投入的资源产生最大的效益。在管理者做下一年度的预算决策时，哪些方面需要加大资源投入，哪些方面维持即可，哪些方面要缩减投入等问题，都可以通过KANO分析得到一个量化的资源投入参考依据。

KANO模型是东京理工大学教授狩野纪昭（Noriaki Kano）和他的同事Fumio Takahashi于1979年推出的，一经推出迅速得到全球性的传播和认同，KANO模型如图7–4所示 。但KANO模型是一个典型的定性分析模型，难以被量化判断，所以在满意度调研领域经常被提及但很少被应用。

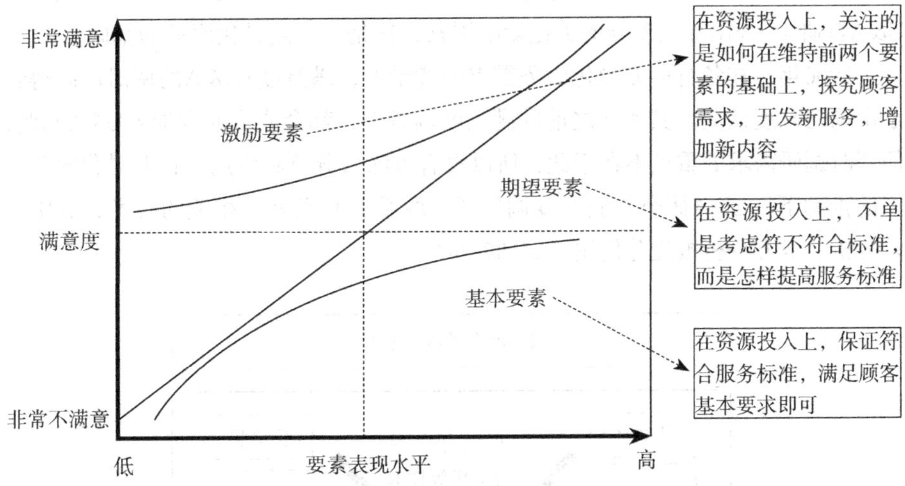

图7–4 KANO模型

2006年，KANO的量化技术问题得到解决，在原有问卷问题的基础上，不需要单独设计问题，就能有效地量化、判断各服务要素的属性，并确定资源配置边界，KANO模型真正出现在调研报告中。图7–5是从达闻通用市场研究公司报告中摘取的KANO分析图，从中可以清楚地判断出服务要素的属性和边界。

第7代，差异化服务——满意度+U&A。

服务管理最初的重点是服务的标准化，如服务落实度调查的目的就是要规范员工行为，实现员工服务标准化。但是，标准化的服务，有些人满意，有些人不满意，在服务标准化达到一定水平后，企事业单位自然就有了差异化服务，以满足不同客户群体的需求，如VIP服务、大客户服务等差异化服务形式纷纷出现。

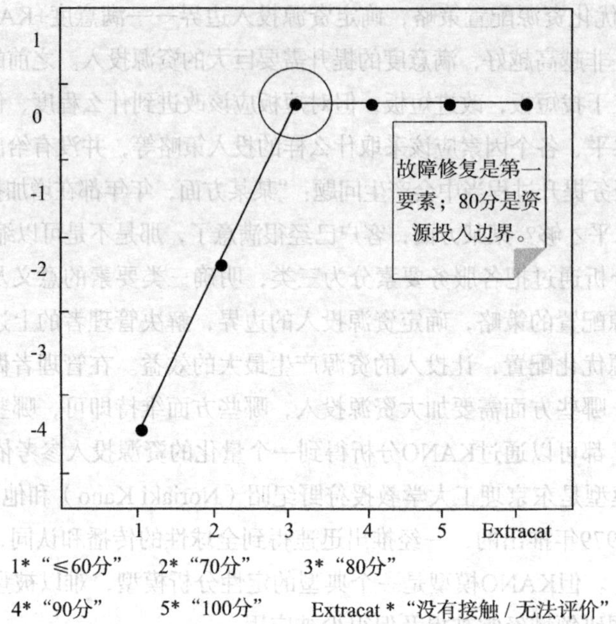

图7-5 故障修复与综合满意度关系——KANO分析

分析不同背景、不同消费行为和态度的客户对同一项服务感知的差异性（即U&A调研），找出导致差异的关键影响因素，这是实施差异化服务的基础。

2006年，在各行业差异化服务需求的背景下，满意度+U&A的调研产品得到了市场的高度认同。其实在之前的满意度调研中，都会或多或少加入U&A问题，但当时调研需求的重点不在于此，所以没有被深入分析和应用。在差异化服务需求的推动下，U&A研究与满意度调研紧密联系，并发展了相关的技术，其中方差分析、卡方分析被充分使用，如图7–6所示。

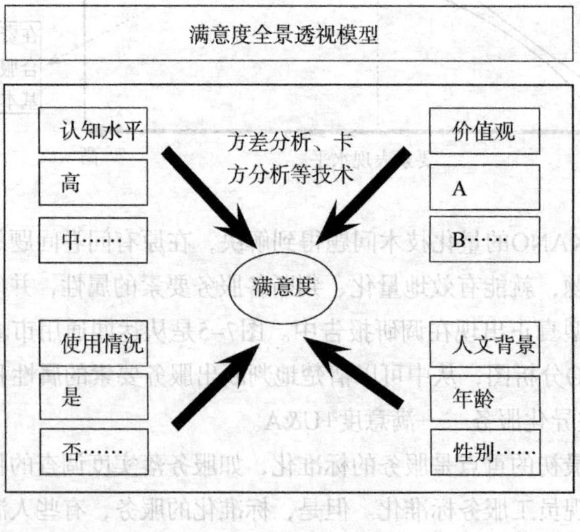

图7–6 满意度全景透视模型图

第8代，关注高满意人群——满意度+卓越服务。

根据长期的数据跟踪发现，在竞争市场中，非常满意人群的忠诚度是一般满意人群的4～6倍，而非常满意人群于其他满意人群关注的重点因素也是不同的，如图7–7所示。因此，把一般满意人群提升到非常满意，在此类市场中具有非常积极的意义，其价值要明显高于把不满意人群提升到一般满意。让客户非常满意，意味着高水准、超出一般水平的服务，所以称为卓越服务。

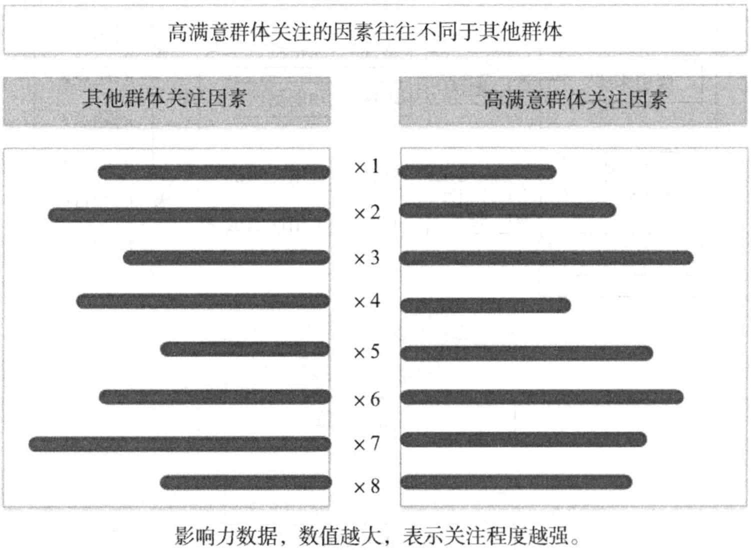

图7–7 达闻通用第8代满意度图示

卓越服务研究的重点是“高满意群体”，因为把客户从不满意提升到一般满意，与从一般满意提升到非常满意，其服务提升的关键影响因素往往是不一样的，所以需要进行针对性分析。

第9代，将防御工具转为进攻工具——满意度+用户体验。

满意度，一般是一个防御性管理工具，即不要因为服务的缘故让客户流失掉。用户体验是将其升级为一个进攻性工具，管理者通过营造深刻的用户体验，留住客户，并让客户传播好的口碑，吸引新客户。如商场的购物体验、医院的就医体验，及网站的用户体验等，都直接影响用户的下一次选择和口碑。

用户体验强调塑造和传播口碑，注重服务细节和服务创新，提供令人印象深刻的，而且容易描述和传播的体验。用户体验研究，在研究方法上注重测试类方法的运用，如在电子商务网站用户体验研究中就包括了“吸引力测试”、“可用性测试”等，如图7–8所示。

第10代，建立服务管理体系——满意度+服务管理。

随着客户满意观念的进一步普及和重视，许多企事业单位成立了专门的服务管理部门，并设立专职人员。如何系统有效地管理服务呢？在这个阶段，就可以满意度调研为核心，将其作为有效的服务管理工具，建立系统的服务管理体系。

通过满意度调研，管理者可建立VOC系统、服务改进系统、服务绩效评估系统，轻松有效地倾听客户声音，了解服务现状，发现服务短板，评价服务绩效，推进服务提升。满意度—服务管理体系如图7–9所示。

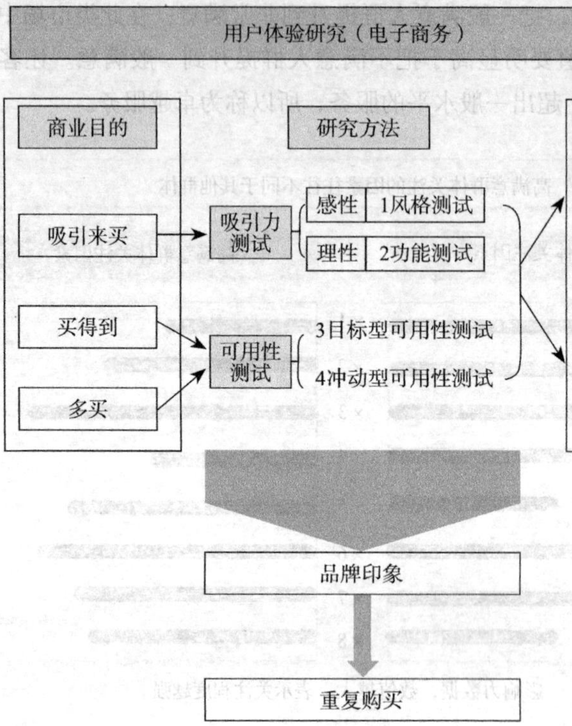

图7-8　第9代满意度—用户体验

图7-9　第10代满意度—服务管理体系

满意度调研技术适应企、事业单位的需求变化和发展，在不断地变化和发展；同时也在主动融合其他调研技术和管理理念，以更高的价值，引导着企、事业单位服务管理的发展。截至2009年，满意度调研技术已经发展到第10代产品，但对于从业人员来说，每一代产品都只是一个新的起点，一切只为更好地服务。

物业客户满意度测评，正是在现有满意度调研技术的基础上形成的满意度测评方法，主要实现统计业主对为其服务的物业服务企业提供的服务满意程度的调查。一般的满意度调查应由有资格的第三方机构针对物业服务企业服务的业主采用随机抽取样本的方式进行。20世纪90年代起，物业服务企业开始导入客户满意度调查法则，尤其ISO 9000质量体系认证之后，八项质量原则使物业服务企业越来越重视服务，越来越关注顾客的感受。八项质量原则的主要内容是：以顾客为关注焦点、领导作用、全员参与、过程方法、管理的系统方法、持续改进、基于事实的决策方法、与供方互利的关系。

7.2 物业满意度测评分析

7.2.1 现代物业的互联网背景

当前，世界发展步入“工业4.0”时代，也就是中国的“互联网+”时代，因为互联网的便利性和高效性，人们生活几乎离不开互联网，互联网正在改变着人类传统的生活模式，如：约车、团购、网上订餐等，生活中所有的事情几乎足不出户就可以完成，这个时代也被形象地称为“懒人时代”。各行各业都在互联网发展的大潮中实现转型，搭上互联网的“顺风车”，物业行业本身就具备步入互联网发展的优势，“最后一公里”“网上报修”等特殊要求在这里都是常态。

互联网的应用越来越广泛，尤其是在物业管理行业。物业管理在房地产行业中占据重要地位，加强物业管理工作对于促进房地产行业的发展尤为重要。互联网技术作为提高物业管理水平的重要途径，不仅减少了抄表、计算、收款、开票等环节中的错误率，同时也方便了各部门间的沟通，提高了物业管理服务质量。其中，基于互联网的业主满意度调查就是一种互联网技术作用于现代物业的表现形式之一。

7.2.2 物业管理满意度调查的方法

物业服务企业对顾客满意度的测评指标主要有两种，一种是顾客满意率，另一种是顾客满意度指数。顾客满意率是指在一定数量的目标顾客中表示满意的顾客所占的百分比。顾客满意度指数是运用了计量经济学的理论来处理多变量的复杂总体，全面、综合地度量顾客满意程度的一种指标，它能综合反映复杂现象总体数量上的变动状态，表明顾客满意程度的综合变动方向和趋势；能分析总体变动中受各个因素变动影响的程度；能对不同类别的服务进行趋于“同价”的比较。可以说，顾客满意度指数是顾客满意率的改进和深化，能够科学、全面、综合地度量顾客的满意程度。

从意见获取的方式来分，顾客满意度调查方式一般包括：

（1）主动调查：①日常服务过程采取抽样电话访谈和上门深度访谈相结合的调

查方法；②每年对所服务的顾客至少进行两次全面问卷调查；③第三方机构的调查。

（2）被动调查：通过设立顾客服务中心、顾客服务热线和现场意见箱等方式调查 顾客满意度。

从调查来源上，分为来自物业管理行业外部和内部两种。来自物业管理行业外部有两种方式：各级消费者协会、质量部门和新闻媒体等机构开展的整体满意度测评。在行业内部开展的业主满意度调查有四种方式：第一种是由企业相关部门负责对本企业所属各项目开展的整体调查；第二种是在特别情况下由企业所属的项目管理处自行开展的调查，就其实质看，也是第一种方式的特殊情形；第三种是由业主委员会组织开展的业主满意度调查；第四种是由物业服务企业、项目管理处或有关部门委托专业第三方机构开展的业主满意度调查。上述四种不同的业主满意度调查方式，在客观性、可靠性、经济性方面存在明显差异，操作流程和基本要求亦有不同。其中，企业自行调查是目前绝大部分物业服务企业采用最多的一种满意度调查方式。

7.2.3 当前满意度调查存在的问题

当前，物业服务企业开展的满意度调查存在诸多问题。

首先，业主关注更多的是亲身感受，例如小区的安全、绿化、保洁工作等，而物业服务企业可能更加关注小区设施、设备、公共安全，这种差异导致了业主的评价与物业服务企业的实际服务状况出现偏差。部分业主由于专业知识有限，过于在意物业费的多少，关注一些表面现象，而对于大楼设施设备的安全等关注甚少。如果业主片面追求物业费用的减少，很可能会导致物业服务企业把工作重点仅仅放在绿化、安保等环境管理上，而减少对人防、监控、电梯甚至设施设备安全的投入。因此，来自物业管理行业外部的满意度调查有时并不能真实体现物业管理的水准。

其次，由于认识不足，管理人员对调查技术缺乏基本了解，企业自行开展的业主满意度调查在实际操作中容易出现敷衍塞责、草率了事的现象。存在的主要问题是：调查结果与项目的目标责任管理不挂钩；调查中业主提出的投诉不处理，合理化建议不采纳；整个调查工作游离于企业的营运体系之外，满意度调查纯粹成了应景；调查采用的指标体系繁复庞杂，向外发布的统计报告故作深奥；企业开展业主满意度调查的频次过多，业主不堪其累；由于满意度调查容易触及企业的一些“内情”，个别单位不愿意“外人”介入调查过程，导致闭门造车现象频频发生。

7.2.4 客户满意度调查的作用及意义

面对愈发激烈的市场竞争，许多行业都开始重视客户的维护，而大部分企业都会利用满意度问卷调查方式来搜集相关的市场信息，物业服务企业也是如此，通过物业服务满意度调查来进行物业的管理，满意度调查成为所有行业经营管理的重要技术手段之一。物业满意度调查的作用是非常积极的，但在调查时需要准确地进行定位，使用合适的调查方式，这样才能够有效地利用互联网技术进行业主满意度调查，并对结果进行合理的分析。

很多物业服务企业都开始意识到，工作的主要压力不是来自于市场服务，而主要来自于业主，业主的满意度已经成为衡量企业竞争力的重要因素之一。只有了解到业主最真实的想法和感受，才能够找出企业自身存在的一些根本性问题，从而有针对性地解决问题。物业服务企业通过满意度测评能够更好地进行管理和经营，提高服务水平，赢得业主的信任，使业主能够得到更好的服务。物业满意度调查需要持续进行，随时关注业主满意度的变化，及时发现不足之处并予以弥补。

顾客满意度调查旨在通过连续性的研究，了解顾客的要求和期望，识别该产品或服务的发展趋势，获得消费者对特定服务的满意度、消费缺憾等指标的评价。对于物业服务企业来说，顾客满意度调查主要是指业主满意度调查。

对业主满意度进行客观、科学地量化，具有以下重要意义：第一，通过深度分析业主对物业服务的期望和要求，可以为企业建立以顾客为中心的产品策略和营销策略提供决策支持；第二，可以帮助企业识别影响满意度的因素及各因素的作用强度，提高服务水平，提升业主对企业的忠诚度，改善企业经营绩效；第三，通过满意度调查，可以帮助物业服务企业改善与业主之间的信息不对称，有利于建立和谐社区和实现企业可持续发展。

7.2.5 开展满意度调查的建议

根据美国费耐尔逻辑模型设计的顾客满意度指数理论模型，“顾客对服务的期望”、“顾客对服务质量的感知”、“顾客对服务价值的感知”决定了顾客满意程度。当顾客在事后对物业服务的实际感知低于其期望时，顾客满意度就低，容易产生顾客抱怨；当顾客在事后对物业服务的实际感知高于其期望时，顾客满意度就高；而当顾客的实际感知远远超过事前的期望时，就会导致顾客对该物业品牌的忠诚。另外，当物业服务企业及时妥善解决了顾客的抱怨或投诉，也会增加顾客对该物业品牌的忠诚。

因此，开展满意度调查除了要对影响满意度的因素进行全面了解外，还要注意以下几个问题：

（1）定位的审视与观察。业主满意度调查是被服务方对服务评价的真实反应，但又从另一个侧面凸显了服务者自身的地位和作用。因此，当物业服务企业进行业主满意度调查时，如何定位变得异常重要，倘若以一种功利的心态面对，免不了弄虚作假、自欺欺人。只有多一些平和与客观，这种调查才会有真正的意义。

（2）方式的选择与衡量。在业主满意度调查中，方式的选择同样重要，方式的选择决定结果的质量。满意度调查的开展本身存在“响应差异”，即那些持有轻微否定意见的被访问者更容易拒绝接受调查，从而导致数据采集的过程中存在人群缺失的问题。很多满意度调查都无法避免这种“响应差异”，这就是即使访问过程客观规范、数据分析公正科学，而结果依然和事实有巨大差异的原因。因此在测量方式上，要改变统计调查采用的“非常满意到非常不满意”方式，而采用刻度（李科特）的方式，这种选择偏差才能得到一定程度的降低。

（3）数据的利用与反思。业主满意度调查具有积极的意义和作用，但要避免伤害服务者对服务的理解。许多消费者协会开展的满意度调查显示，业主反映较为强烈的就是较高的物业费。但是，收费标准和服务标准是对应的，如果片面强调物业费用的减少，而不关心服务质量和服务标准，会引导物业管理走向误区。

综上，满意度调查是通过进行顾客满意度指标测评反映出来的。能否合理运用层次化结构设定测评指标，对于客观、真实地反映顾客满意度起着至关重要的作用。对于物业服务企业来说，应认真分析满意度调查信息，从中找出顾客最重视、最不满意的问题去着手改进。

7.2.6 满意度测评实施

1. 满意度调查的注意事项

客户满意度调查的最终目的是提升满意度，为了使客户感到满意，必须清楚地了解当前的满意度状况，如若下降则必须采取措施提升满意度，如若上升或者达到了客户满意，则应继续加强某些措施以持续提升满意度。客户满意度评价是一个以公司的经营业务为重点的长期反复改进的过程，是以客户为中心，不断改善和提升自己的产品和服务质量的过程。

客户满意度调查应当注意：

（1）目标明确。客户满意度调查有例行的，如年末、季末；有针对性的，如经营过程中出现客户投诉突然增多等特殊情况；有检查性质的，如上级部门对下级的服务的检查方式；有专门了解客户需求的，不论是哪种类型的满意度调查，目标都非常明确。

（2）领导重视。获得领导的支持和建议是实施过程的关键。

（3）持续改进。以季度、半年、整年为一个周期，持续不断地进行调查和评估，才能得到持续改进。

（4）协同运作。客户满意度调查需要客户、公司各部门等相关人员的协同支持。

（5）基于事实。一切以事实为依据，做到真实有效：一是问卷设计尽量能够客观地反映问题；二是样本的抽取有足够的代表性和真正的随机性。

2. 客户满意度问卷调查实施步骤

（1）客户满意度调查的策划

客户满意调查过程的成败首先取决于该调查的策划。策划的主要内容包括调查的目标、调查的对象、调查结果的影响性、数据如何处理等。

（2）利用客户数据库

调研前，需要利用企业现成的客户数据库，收集内部所有已掌握的客户。

（3）了解客户期望

在了解客户期望过程的初期阶段，定性的开放式讨论可以说是最佳的选择，与其他方法相比，它可以提供更加深入的信息。个人专访及专题小组讨论也是较为有效的途径。

（4）草拟问卷

客户需求信息收集齐备后，应草拟问卷。如果缺乏相关经验或无法独立完成问卷设计，可以咨询问卷设计专家或有关专业公司。

（5）审核问卷

在着手进行任何调查之前，应该就问卷内容进行审核并检查每个问题提问的科学性。

（6）调查

在实际开始向客户征集反馈之前，需要完成确定抽样过程、是否向客户派发纪念品、保证有效问卷的方法、谁来进行调查等关键程序。

（7）分析结果

调研结果的形式也比较重要，如何将调研的结果突出重点，易于理解和表达清楚是调研报告的关键点。目前调研结果主要采用图表等统计学方式进行呈现，取得的效果较为理想。

（8）报告反馈与实施战略行动计划

向客户传达调查结果将使他们确信自己的意见和建议得到了反馈和采纳，而在企业内部交流调查结果的信息，则可以使企业员工准确地了解客户对公司产品与服务的看法。

（9）客户满意过程再评估

必须对整体客户满意过程进行再评估，以保证客户满意度调查的有效性，并为持续改进做出相应的调整。

客户满意过程是一个持续且不断深入的过程，在这个过程中必须保证不断与客户进行沟通，并根据具体问题和反馈结果制定可行的策略。

7.3 物业客户满意度测评工作的程序

7.3.1 物业客户满意度评价指标构建原则

1．基本原则

客观、公正、全面是业主满意度评价指标的基本原则。对于企业来说，测评客户满意度的根本原因就是为管理者提供信息使其能够正确地做出决策，从而提高客户满意率，增加企业利润，故业主满意度评价指标体系的构建必须坚持指标的客观性、公正性、全面性。否则，物业服务企业将不能得到真正反映客户满意度的数据。

2．指标量化原则

根据客户测量满意度指标和权重计算总体满意度指数。物业服务企业可以将满意度进行行业对比及年度对比，建立客户满意度跟踪体系。

3．科学客观原则

客户满意度评价标准要科学，而且设定要客观。评价指标的构建应将客户的真实经历和满意度结合起来，而不是用生成的数据，从而降低猜测和想象带来的偏差。

7.3.2 物业客户满意度评价指标体系

1．满意度评价指标体系（住宅小区用户）

满意度指标体系表　　　　表 7-1

物业满意指标及权重（住宅用户）		
目标层	准则层	指标层
物业服务总体满意度	综合评价	分项评价
	物业服务	秩序维护人员服务
		保洁人员服务
		维修人员服务
		绿化人员服务
		车管人员服务
		消防类工作
		装修管理工作
		物业客户服务
	投诉服务	物业服务单位接受业主投诉的处理
		物业管理人员受理业主投诉的态度
		物业管理人员受理业主投诉的及时性
		物业管理人员对业主投诉的信息反映及反馈情况
		对投诉受理结果的满意度
		对重大投诉问题的处理方式、方法及结果的满意度
	与业主日常沟通	与业主日常沟通
	便民服务	无偿服务满意度
		有偿服务满意度
	营造社区文化	社区文化活动
		社区整体精神风貌
		社区的文化氛围
	物业管理宗旨体现	物业管理宗旨体现

2．满意度评价指标体系（写字楼用户）

满意度指标体系表　　表 7-2

物业满意指标及权重（办公用户）		
目标层	准则层	指标层
物业服务总体满意度	综合评价	分项评价
		秩序维护人员服务
		保洁人员服务
		维修人员服务
		绿化人员服务
		车管人员服务
		消防类工作
	投诉服务	物业客户服务人员
		投诉电话的畅通性
		物业管理人员受理业主投诉的态度
		物业管理人员受理业主投诉的及时性
	物业管理宗旨体现	物业管理人员对业主投诉的信息反映及反馈情况
		对投诉受理结果的满意度
		对重大投诉问题的处理方式、方法及结果的满意度

7.3.3　物业客户满意度评价方法

1．满意度评价过程

（1）建立受理系统。建立以客户为中心的客户传递信息及建议的有效途径，如建立服务后评价体系，客服热线、呼叫中心、经理信箱等方式让客户对服务的质量及感受给予直观的评价，有利于物业服务企业发现问题，了解客户的需求点，以更好地实现客户满意。

（2）客户满意度调研。其目的主要是了解物业服务企业提供的产品或服务在多大程度上达到了客户的期望和要求，满意度调查将其归类细化成可以量化的绩效考核指标，通过这些指标来测定客户对产品或对服务的满意程度，即可判断客户的满意程度。在测定客户满意程度的同时要找出客户满意或不满意的具体原因，也是满意度调研的重要目的之一。

（3）应当认真分析客户满意度调查中的主要得分项和主要失分项，尤其是失分项，要找出失分的具体原因及解决途径。

（4）竞争者分析。对竞争对手的相应绩效指标进行分析，找出差距，制定对策，实施行动方案。

2．满意度评价方式

传统模式：发放调查问卷，问卷的问题由若干道选择题组成，每题设"非常满意"、"比较满意"、"一般"、"不太满意"、"非常不满意"五个测量等级，每个等级分别赋值5分、4分、3分、2分、1分，数据来源通过调研问卷获取，问卷见下文。

现行模式：充分利用互联网技术和移动终端的便利性，把纸质调查问卷通过原型分析转化为线上调查问卷，问题部署和测评度分级与传统模式统一。

3．满意度评价的计算方法

单项满意度计算方法为：

单项满意度得分=（$5a+4b+3c+2d+1e$）（$a+b+c+d+e$）

其中a，b，c，d，e分别为各个等级问卷调查的总得分数。

运用层次分析法得到一级指标对二级指标的权重和二级指标对三级指标的权重，利用所得权重对各指标满意度得分进行加权平均，最终得到业主总体满意度得分。具体算法为：

一级指标满意度得分=∑二级指标满意度的分数×二级指标权重

二级指标满意度得分=∑三级指标满意度的分数×三级指标权重

4．典型案例分析

（1）背景：××物业服务企业为××小区提供物业服务一年，运行情况稳定，没有出现极端情况。物业管理层从公司运营管理和对业主服务至上的理念出发，现对××小区业主满意度进行测评，通过数据分析提供决策依据，探索下一步物业管理与服务的方向和如何更加科学、周到地为业主提供优质服务。

（2）分析调查问卷模型。

纸质调查问卷如下：

客户满意度调查问卷

尊敬的业主：

您好!非常感谢您一直以来对我公司所付出的努力及对我们工作的支持！为您及贵单位提供更优质的、贴心的物业管理与服务是我们一直努力的目标，因此，我们需要更多地了解您的需求和意见，以进一步提升我们的物业管理服务水平。请您对我们的工作进行客观评价并提出宝贵意见、建议，在括号内填写正确选项，并在空白处提出具体意见。感谢您的支持与参与！

1．您对我们服务的总体质量是否满意？( )

A．非常满意　B．比较满意　C．一般　D．不满意

E．非常不满意

2．您对物业人员在统一服装、佩戴标志、规范服务、仪容仪表等方面的行为是否满意？( )

A．非常满意　B．比较满意　C．一般　D．不满意

E. 非常不满意

3. 您对物业经理的服务态度是否满意？( )

A. 非常满意　　B. 比较满意　　C. 一般

D. 不满意　　E. 非常不满意

4. 您对物业经理的沟通协调能力是否满意？( )

A. 非常满意　　B. 比较满意　　C. 一般

D. 不满意　　E. 非常不满意

5. 您对物业经理的现场服务态度是否满意？( )

A. 非常满意　　B. 比较满意　　C. 一般

D. 不满意　　E. 非常不满意

6. 您对物业主管人员的整体工作情况是否满意？( )

A. 非常满意　　B. 比较满意　　C. 一般

D. 不满意　　E. 非常不满意

7. 您对物业维修工作情况是否满意？( )

A. 非常满意　　B. 比较满意　　C. 一般

D. 不满意　　E. 非常不满意

8. 与您的要求相比，我们的服务与管理水平？( )

A. 大大超出我的要求　　B. 稍许超出我的要求

C. 正好达到我的要求　　D. 没有达到我的要求，但差距较小

E. 没有达到我的要求，且差距较大

9. 您对物业公司在处理投诉事件时的效率、答复及结果是否满意？( )

A. 非常满意　　B. 比较满意　　C. 一般

D. 不满意　　E. 非常不满意

10. 如果让您重新选择物业服务公司为您提供服务，您还会选择我们物业服务公司吗？( )

A. 会　　B. 不会

11. 对于我们物业服务公司的安防服务是否满意？( )

A. 非常满意　　B. 比较满意　　C. 一般

D. 不满意　　E. 非常不满意

12. 对于我们公司的保洁服务是否满意？( )

A. 非常满意　　B. 比较满意　　C. 一般

D. 不满意　　E. 非常不满意

13. 请留下您的宝贵意见及建议：

签名：

年　月　日

到此，问卷已经完成，再次感谢您的支持和配合，我们将努力做得更好！

纸质调查问卷分为三部分：客观选择题、主观题、开头和结束语。参照模型

转换标准，对接线上模式。

（3）化成线上模式。

操作的流程一般为：首先，创建业主满意度调查问卷测评系统，根据计算机提示进行操作，如图7–10所示；然后，依照转换标准，创建调查问卷的问题，如图7–11所示。如此，即完成了线上模式的转化。

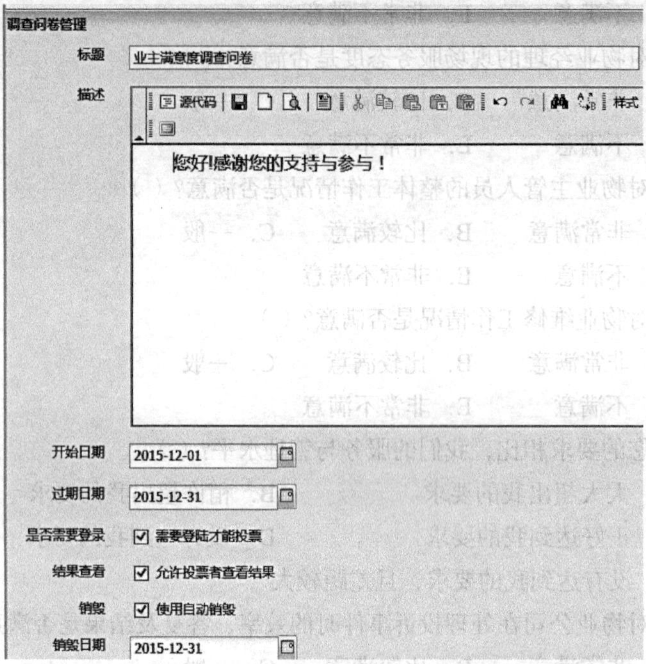

图7–10 测评系统创建图示

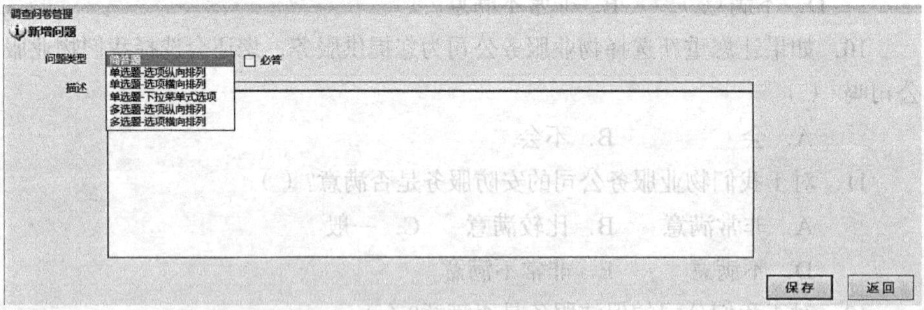

图7–11 问题创建图示

（4）策划发放调查问卷模式。

进行线上测试，调查问卷的发放可以采用公布调查问卷入口地址和二维码扫描等多种方式。鉴于现阶段移动终端的便捷性，建议选择二维码扫描方式，业主可通过扫描二维码直接跳转至调查问卷页面，进行填写。

（5）数据统计分析。

问卷调查时间截止，即停止数据写入。通过后台数据统计，把各项指标和参数全部呈现给物业服务公司。

本章小结

本章主要讲述了满意度测评概念及其发展历程，物业客户满意度测评现状和存在的问题，阐述了客户满意度调查的作用及意义，给出了开展满意度调查的建议。同时，阐述了满意度测评的具体实施步骤，以及物业客户满意度测评实现的方式；阐述了客户满意度评价指标构建的原则，如何构建满意度评价指标体系，以及满意度评价的方法。通过物业管理行业与互联网技术结合的案例分析更加深入地理解物业管理客户满意度测评。

思考题

1．简述业主满意度测评的概念。

2．简述客户满意度测评的作用。

3．简述物业客户满意度评价指标构建原则。

4．简述物业客户满意度评价指标体系。

8

ISO 质量管理体系认证

本章要点及学习目标

通过本章学习，要求学生熟悉ISO 9000族标准的产生和发展以及ISO 9000族的特点，掌握质量管理体系术语，掌握质量管理体系认证的程序。

质量管理体系是国际标准化组织（ISO）用其颁布的ISO 9000族标准向世界所推荐的一套实用的管理模式。这种管理模式总结了工业发达国家先进企业的质量管理的成功经验，使各国的质量管理和质量保证活动统一在ISO 9000族标准下。这对推动各类组织和企业的质量管理，实现组织的业绩目标，消除贸易壁垒，提高产品质量和顾客满意程度等产生了积极而重大的作用。迄今为止，全世界已经有150多个国家和地区等同采用了ISO 9000标准，超过48万家的企业和组织通过了质量管理体系的认证，质量管理体系已经被广泛应用于工业、经济领域，以及政府和其他各行业的管理领域。在各国鼓励应用ISO 9000族标准提高产品和经济质量的同时，质量管理体系认证也被一些国家和地区作为贸易限制的条件。如欧盟规定，对于进入其市场的许多产品，生产企业必须建立质量体系并通过认证，客观上提高了产品进入其市场的门槛。

质量水平是衡量一个国家生产技术和科技发展水平的重要尺度，也是衡量一个企业管理水平的重要标准。是否通过了质量管理体系认证，如今已经成为国际社会或企业间经济洽谈时必备的“通行证”，成为企业实力和产品服务竞争力的重要标志。企业要想在竞争中赢得生机和活力，一靠质量，二靠服务。获得质量管理体系认证是企业提高质量和服务最直接和最有效的手段之一，也是我们应对世界经济发展的挑战、赢得更大发展空间的有利条件。

8.1 ISO 9000 标准产生的背景、历程与发展

8.1.1 ISO 9000标准产生的历史背景

第二次世界大战期间，世界军事工业得到了迅猛的发展。由于军用产品的特性，一些国家的政府在采购军用产品时，不但提出了对产品特性的要求，还对供应厂商提出了质量保证的要求。1959年，美国发布实施了MIL－Q－9858A《质量大纲要求》，这是世界上最早的有关质量保证方面的标准。之后，美国国防部相继制定和发布了一系列对军品生产和承包商评定的质量保证标准。到20世纪70年代，借鉴军品生产质量保证的成功经验，美国国家标准协会（ANSI）和美国机械工程师协会（ASME）分别发布了一系列有关原子能发电和压力容器生产的质量保证标准。美国在把这种行之有效的管理方式逐步推广应用到民用品生产过程控制的同时，还把质量管理和质量保证的原理应用到各行各业的管理和政府机关（如白宫）的管理中，而且都取得了很好的效果。

美国的成功经验，在全世界产生了巨大的反响。一些工业发达国家，如英国、法国和加拿大等，先后制定和发布了用于军品和民品生产的质量管理和质量保证标准。随着世界各国经济的相互合作和交流的扩大，对供方质量体系的评审已逐渐成为国际贸易合作的先决条件，各国都先后发布实施了一些本国、本地区的质量体系标准。但是由于各国实施的标准的具体内容不一致，给国际贸易交往带来了障碍。

8.1.2 ISO 9000标准第一版的产生与发布

随着质量管理的迅速发展，各国对质量管理中所用的名词术语及质量保证的要求都制定了各自相应的国家标准。由于各国的情况不同，各国的质量管理标准在基本概念、管理方法以及对质量保证的要求上都存在着较大差别。为了适应国际贸易的需要，急需统一各国的认识，特别是对质量保证的概念和质量保证要求的内容，需有一个统一的准则。

1979年ISO成立了质量管理和质量保证技术委员会（TC 176）负责制定质量管理和质量保证标准。ISO/TC 176的秘书国是加拿大，主要成员有美、英、法、加、德、澳、南非、挪威、瑞士、日本等国。经过各国专家的艰苦工作，用了近7年的时间，几经修改，于1986年、1987年相继发布一系列质量管理标准，即ISO 9000系列标准第一版，它包括以下标准：

ISO 8402：1986《质量管理和质量保证—术语》

ISO 9000：1987《质量管理和质量保证标准—选择和使用指南》

ISO 9001：1987《质量体系—设计、开发、生产、安装和服务的质量保证模式》

ISO 9002：1987《生产安装服务标准模式》

ISO 9003：1987《质量体系—最终检验和试验的质量保证模式》

ISO 9004：1987《质量管理和质量体系要素—指南》

上述标准简称为“一个术语，两个指南，三种质量保证模式”。

ISO 9000系列标准发布后，很快得到工业界的认可，在世界范围内掀起一股使用ISO 9000标准的热潮，并被各国标准化机构等同或等效采用。同时，世界各国根据ISO 9000标准开展了第三方质量体系认证和注册服务工作。

8.1.3 ISO 9000族标准的修订和发展

1987版ISO 9000系列标准制定时期，制造业在世界各国的经济发展中占主导地位，因此1987版标准突出体现了制造业的特点，存在一些有待改进的问题：

（1）1987版标准主要针对制造业编写，难以适应金融、教育、行政和商业服务等其他领域。

（2）从内容上看系列标准适用于大、中型企业，对小型企业则过于繁琐。

（3）全面质量管理中的成功经验、现代管理中的先进理念和方法在系列标准中强调得不足。

（4）标准的数量虽不多，但标准之间以及标准中一些内容之间的协调性还存在问题。

1994年发布第二版：基于上述问题，1994年进行了修订，此次修订称为“有限修订”，此次修订后的系列标准ISO/TC 176正式定义为ISO 9000族标准。

标准号分别改为：

ISO 8402：1994《质量管理和质量保证术语》

ISO 9000-1：1994《质量管理和质量保证第1部分：选择和使用指南》

ISO 9001：1994《质量体系—设计、开发、生产、安装和服务的质量保证模式》

ISO 9002：1994《质量体系生产、安装和服务的质量保证模式》

ISO 9003：1994《质量体系—最终检验和试验的质量保证模式》

ISO 9004-1：1994《质量管理和质量体系要素指南》

这次修订保留了1987版标准的基本结构，只对标准内容做技术性的局部修改。在做法上，此次修订采用了增加标准数量的办法，但1994版标准还存在没有解决的问题：

（1）虽然强调了体系，但是没有充分体现系统的理念；

（2）关注“文件化”和符合性，没有充分强调持续改进和总体绩效提高；

（3）标准数量增加，使“标准家族”过于庞大，给使用者带来新的困难和不便。

2000年发布第三版：此次修订称为“彻底修订”，是在总体结构和技术内容上做较大的全面修改，即2000版ISO 9000族标准。

2000版ISO 9000族标准更加强调了客户满意及监视和测量的重要性，促进质量管理原则在各类组织中的应用，满足了使用者对标准应用更通俗易懂的要求，强调了质量管理体系要求和指南标准的一致性。

2000版ISO 9000族核心标准：

ISO 9000：2000《质量管理体系—基础和术语》

ISO 9001：2000《质量管理体系—要求》

ISO 9004：2000《质量管理体系—业绩改进指南》

ISO 19011：2002《质量和（或）环境管理体系审核指南》

下面将分别介绍上述四个核心标准。

ISO 9000：2000《质量管理体系—基础和术语》：

此标准是在ISO 8402：1994《质量管理和质量保证术语》和ISO 9000-1：1994《质量管理和质量保证第1部分：选择和使用指南》标准的基础上合并而成，标准规定了质量管理体系的基础和术语，取代了1994版ISO 8402和ISO 9000-1两个标准。

此标准提出了八项质量管理原则，是制定2000版ISO 9000族标准的基础；标准表述了建立和运行质量管理体系应遵循的12个方面的质量管理体系基础知识；标准给出了有关质量的10个部分80个术语，用较通俗的语言阐明了质量管理领域所用术语的概念；在标准附录中用概念图表达了每一部分概念中术语的相互关系。

ISO 9001：2000《质量管理体系—要求》：

标准规定了质量管理体系的要求。

标准取代了1994版ISO 9001、ISO 9002和ISO 9003三个质量保证模式标准，成为审核和认证的唯一标准；标准应用了以过程为基础的质量管理体系模式，标准的结构采用符合管理逻辑的“过程模式”，形成质量管理体系各阶段的以客户为核心的过程导向方式；标准提出的要求是通用的，旨在适用于各种类型，不同规模和提供不同产品的组织；标准的名称发生了变化，不再有“质量保证”一词，规定的质量管理体系要求不仅是产品的质量保证，还包括了使客户满意。

ISO 9001：2000允许有条件的删减，但对删减的规则做出了明确的规定。

ISO 9004：2000《质量管理体系—业绩改进指南》：

标准提出了超出ISO 9001要求的应用指南，强调通过改进过程的有效性和效率，提高组织的整体业绩；标准不是ISO 9001标准的实施指南，也不能用于认证或合同的目的；标准也应用了以过程为基础的质量管理体系模式；标准的两个附录分别给出了“自我评价”和“持续改进过程”的示例，并以质量管理体系的有效性和效率为评价目标。

ISO 19011：2002《质量和（或）环境管理体系审核指南》：

标准是ISO/TC 176和ISO/TC 207（环境管理技术委员会）联合编制的，标准遵循了“不同管理体系可以有共同管理和审核的要求”的原则。

标准为质量管理和环境管理审核的基本原则、审核方案的管理，环境管理和质量管理体系审核的实施以及对环境和质量管理体系审核员的资格要求提供了指南。它适用于所有运行质量管理体系和（或）环境管理体系的组织，指导其内审和外审的管理工作。

标准在术语和内容方面，兼顾了质量管理体系和环境管理体系的特点。

2008年发布第四版：ISO 9001：2008《质量管理体系要求》标准于2008年12月30日发布。

本次总体修订情况：此次标准的修订只是一次修正，ISO 9001：2008标准与2000版相比变化不大，总体框架和逻辑结构未变，只是部分条款的要求更加明确、更具适用性，对用户更加有利，更加便于使用。

2008版标准的特点：

总体框架和逻辑结构未变；更规范、更严谨，有利于用户的使用；肯定了2000版的成果，充分考虑了与ISO 9001：2000的连续性；对原条款中一些有争议的或模糊的地方做了文字上的修订，并增加了一些注释说明；有助于各方对新标准的理解、转换、实施和改进。

8.2 ISO 9000 质量管理体系标准的结构与特点

2012年，ISO组织开始启动下一代质量管理标准新框架的研究工作，继续强化质量管理体系标准对于经济可持续增长的基础作用，为未来十年或更长时间，提供一个稳定的系列核心要求；保留其通用性，适用于任何类型、规模及行业的组织中运行；将关注有效的过程管理，以便实现预期的输出。

8.2.1 2015版ISO 9000族的结构

目前，国际标准化组织（ISO）正式发布的ISO 9000族，共有21项标准和2个技术报告。根据ISO/TC 176对ISO 9000族标准结构的调整，2015年后，ISO 9000

族仅有5项标准，原有的标准或并入新的标准，或以技术报告的形式发布，或以小册子的形式出版发行，或转入其他技术委员会（TO）。

1. ISO 9000：《质量管理体系—基本原理和术语》

该标准主要包括两个方面内容：

（1）质量管理体系基本原理：阐述了质量管理体系的基本内容、实施步骤、评价、过程方法和改进环境应用等；

（2）术语和定义：对ISO 9000族标准中的术语给出定义。

2. ISO 9001：《质量管理体系—要求》

该标准用过程模式取代了94版中的20个要素，完全脱离了硬件行业，更具通用性，也更强调体系的有效性、顾客需要的满足和持续改进等内容。

3. ISO 9004：《质量管理体系—业绩改进指南》

该标准为质量管理体系的建立、运行（保持）和持续改进提供指南，特别为那些希望超出ISO 9001的最低要求，寻求更多业绩改进的组织的管理者提供指南。ISO 9004不是ISO 9001的实施指南。

4. ISO 19011：《质量/环境审核指南》

该标准在合并ISO 10011（三个分标准）和ISO 14010、ISO 14011、ISO 14012的基础上经修改后重新起草，它是由ISO/TC 176/SC 2和ISO/TC 207/ SC 2共同起草的一项标准，既用于质量管理体系的审核，也用于环境管理体系的审核。

5. ISO 10012：《测量控制系统》

该标准在合并现行ISO 10012.1和ISO 10012.2基础上重新起草。

8.2.2 2015版ISO 9000族的特点

ISO 9000：2015草案标准与2008版相比在于其格式的变化，以及增加了风险的重要性，其主要的变化包括：

ISO 9000：2015版变化之一，采用与其他管理体系标准相同的新的高级结构，有利于公司执行一个以上的管理体系标准。

ISO 9000：2015版变化之二，风险识别和风险控制成为标准的要求。

ISO 9000：2015版变化之三，要求最高管理层在协调质量方针与业务需要方面采取更积极的职责。

ISO 9000：2015版重要的七大变化为：

（1）采用新的高级结构；

（2）风险管理引入标准，但不再使用预防措施；

（3）新的要求、组织的环境背景；

（4）更加提升过程方法的应用；

（5）更适用于服务型组织；

（6）文件化的信息；

（7）七项质量管理原则。

8.3 ISO 9000质量管理体系基础和术语

在ISO 9000族标准中，ISO 9000：2015族标准阐明了整个ISO 9000族标准制定的管理理念和原则，确定了整个ISO 9000族标准的指导思想和理论基础。ISO 9000：2015标准还阐明了对质量管理体系的基础要求，规范和确定了整个ISO 9000族标准中所使用的概念和术语。

ISO 9000：2015标准将术语分为13类：有关人员的术语，有关组织的术语，有关活动的术语，有关过程的术语，有关体系的术语，有关要求的术语，有关结果的术语，有关数据、信息和文件的术语，有关顾客的术语，有关特性的术语，有关确定的术语，有关措施的术语和有关审核的术语。术语的总数量为138个。

8.3.1 术语

1．有关人员的术语（共6个）

（1）最高管理者top management

在最高层指挥和控制组织的一个人或一组人。

（2）质量管理体系咨询师 quality management system consultant

对组织的质量管理体系实现给予帮助、提供建议或信息的人员。

（3）参与 involvement

参加某个活动、事项或介入某个情境。

（4）积极参与 engagement

参与活动并为之作出贡献，以实现共同的目标。

（5）管理机构 configuration authority（dispositioning authority）

技术状态控制委员会configuration control board

被赋予技术状态决策职责和权限的一个人或一组人。

（6）争议解决者 dispute resolver

提供方指定的帮助相关各方解决争议的人。

2．有关组织的术语（共9个）

（1）组织 organization

为实现其目标而具有其自身职能及职责、权限和相互关系的个人或一组人。

（2）组织的环境 context of the organization

对组织建立和实现目标的方法有影响的内部和外部结果的组合。

（3）相关方 interested party（stakeholder）

可影响决策或活动，也被决策或活动所影响，或他自己感觉到被决策或活动所影响的个人或组织。示例：顾客、所有者、组织内的员工、供方、银行、监管者、工会、合作伙伴以及可包括竞争对手或集团的社会。

（4）顾客 customer

能够或实际接受本人或本组织所需要或所要求的产品或服务的个人或组织。

示例：消费者、委托人、最终使用者、零售商、内部过程的产品或服务的接收人、受益者和采购方。

（5）供方 provider（supplier）

提供产品或服务的组织。

示例：制造商、批发商、产品或服务的零售商或商贩。

（6）外部供方 external provider（external supplier）

组织以外的供方。

示例：制造商、批发商、产品或服务的零售商或商贩。

（7）提供方 DRP–provider（dispute resolution process provider）

组织外部提供和实施争议解决过程的人或组织。

（8）协会 association

由成员组织或个人组成的组织。

（9）计量职能 metrological function

确定和实施测量管理体系的具有管理和技术责任的职能。

3．有关活动的术语（共13个）

（1）改进 improvement

提高绩效的活动。

（2）持续改进 continual improvement

提高绩效的循环活动。

（3）管理 management

指挥和控制组织的协调的活动。

（4）质量管理 quality management

关于质量的管理。

（5）质量策划 quality planning

质量管理的一部分，致力于制定质量目标并规定必要的运行过程和相关资源以实现质量目标。

（6）质量保证 quality assurance

质量管理的一部分，致力于提供满足质量要求得到的信任。

（7）质量控制 quality control

质量管理的一部分，致力于满足质量要求。

（8）质量改进 quality improvement

质量管理的一部分，致力于增强满足质量要求的能力。

（9）技术状态管理 configuration management

指挥和控制技术状态的协调活动。

（10）更改控制 change control

在产品技术状态信息正式被批准后，对输出的控制活动。

（11）活动 activity

在项目工作中识别出的最小的工作项。

（12）项目管理 project management

对项目各方面的策划、组织、监视、控制和报告，并激励所有参与者实现项目目标。

（13）技术状态项 configuration object

满足最终使用功能的某个技术状态内的实体。

4．有关过程的术语（共8个）

（1）过程 process

利用输入提供预期结果的相互关联或相互作用的一组活动。

（2）项目 project

由一组有起止日期的、相互协调的受控活动组成的独特过程，该过程要达到符合包括时间、成本和资源的约束条件在内的规定要求的目标。

（3）质量管理体系实现 quality management system realization

建立、形成文件、实施、保持和持续改进质量管理体系的过程。

（4）能力获得 competence acquisition

获得能力的过程。

（5）程序 procedure

为进行某项活动或过程所规定的途径。

（6）外包 outsource

安排外部组织执行组织的部分职能或过程。

（7）合同 contract

有约束力的协议。

（8）设计和开发 design and development

将考虑对象的要求转换为对该对象更详细的要求的一组过程。

5．有关体系的术语（共12个）

（1）体系（系统）system

相互关联或相互作用的一组要素。

（2）基础设施 infrastructure

组织运行所必需的设施、设备和服务的体系。

（3）管理体系 management system

组织建立方针和目标以及实现这些目标的过程的相互关联或相互作用的一组要素。

（4）质量管理体系 quality management system

管理体系中关于质量的部分。

（5）工作环境 work environment

工作时所处的一组条件。

（6）计量确认 metrological confirmation

为确保测量设备符合预期使用要求所需要的一组操作。

（7）测量管理体系 measurement management system

实现计量确认和测量过程控制所必需的相互关联或相互作用的一组要素。

（8）方针 policy

由最高管理者正式发布的组织的意图和方向。

（9）质量方针 quality policy

关于质量的方针。

（10）愿景 vision

由最高管理者发布的组织的未来志向。

（11）使命 mission

由最高管理者发布的组织存在的目的。

（12）战略 strategy

实现长期或总目标的计划。

6．有关要求的术语（共15个）

（1）实体 object（entity，item）

可感知或想象的任何事物。

示例：产品、服务、过程、人、组织、体系、资源。

（2）质量 quality

实体的若干固有特性满足要求的程度。

（3）等级 grade

对功能用途相同的实体所做的不同要求的分类或分级。

示例：飞机的舱级和宾馆的等级分类。

（4）要求 requirement

明示的、通常隐含的或必须履行的需求或期望。

（5）质量要求 quality requirement

关于质量的要求。

（6）法定要求 statutory requirement

立法机构规定的强制性要求。

（7）规章要求 regulatory requirement

立法机构授权的部门规定的要求。

（8）产品技术状态信息 product configuration information

对产品设计、实现、验证、运行和支持的要求或其他信息。

（9）不合格（不符合）nonconformity

未满足要求。

（10）缺陷 defect

关于预期或规定用途的不合格。

（11）合格（符合）conformity

满足要求。

（12）能力 capability

实体实现输出并使其满足要求的本领。

（13）可追溯性 traceability

追溯实体的历史、应用情况或所处位置的能力。

（14）可信性 dependability

在需要时完成规定功能的能力。

（15）创新 innovation

新的或变更的实体实现或重新分配价值。

7. 有关结果的术语（共11个）

（1）目标 objective

要实现的结果。

（2）质量目标 quality objective

有关质量的目标。

（3）成功 success

目标实现。

（4）持续成功 sustained success

在一段时间内自始至终的成功。

（5）输出 output

过程的结果。

（6）产品 product

在组织和顾客之间未发生任何交易的情况下，组织生产的输出。

（7）服务 service

至少有一项活动必须在组织和顾客之间进行的输出。

（8）性能 performance

可测量的结果。

（9）风险 risk

不确定性的影响。

（10）效率 efficiency

得到的结果与所使用的资源之间的关系。

（11）有效性 effectiveness

完成策划的活动并得到策划结果的程度。

8. 有关数据、信息和文件的术语（共15个）

（1）数据 data

关于实体的事实。

（2）信息 information

有意义的数据。

（3）客观证据 objective evidence

证明某事物存在或真实性的数据。

（4）信息系统 information system

用于组织内部沟通渠道的网络。

（5）文件 document

信息及其载体。

示例：记录、规范、程序文件、图样、报告、标准。

（6）形成文件的信息 documented information

组织需要控制和保持的信息及其载体。

（7）规范 specification

阐明要求的文件。

示例：质量手册、质量计划、技术图纸、程序文件、作业指导书。

（8）质量手册 quality manual

组织的质量管理体系的规范。

（9）质量计划 quality plan

何时并由谁对特定的实体应用程序和相关资源的规范。

（10）记录 record

阐明所取得的结果或提供所完成活动的证据的文件。

（11）项目管理计划 project management plan

规定满足项目目标所必需的事项的文件。

（12）验证 verification

通过提供客观证据对规定要求已得到满足的认定。

（13）确认 validation

通过提供客观证据对特定的预期用途或应用要求已得到满足的认定。

（14）技术状态纪实 configuration status accounting

对产品技术状态信息、建议的更改状况和已批准更改的实施状况所做的正式记录和报告。

（15）特定情况 specific case

质量计划的对象。

9．有关顾客的术语（共6个）

（1）反馈 feedback

对产品、服务或投诉处理过程的意见、评价和关注的表示。

（2）顾客满意 customer satisfaction

顾客对其要求已被满足程度的感受。

（3）投诉 complaint

就其产品、服务或投诉处理过程，向组织表达的不满，而希望给予答复或解决问题的愿望是明确的或不明确的。

（4）顾客服务 customer service

在产品或服务的整个寿命周期内，组织与顾客之间的互动。

（5）顾客满意行为规范 customer satisfaction code of conduct

组织为提高顾客满意，就其行为对顾客做出的承诺及相关规定。

（6）争议 dispute

提交给争议解决过程提供方的对某一投诉的不同意见。

10．有关特性的术语（共7个）

（1）特性 characteristic

可区分的特征。

（2）质量特性 quality characteristic

与要求有关的，客体的固有特性。

（3）人为因素 human factor

对考虑中的客体有影响的人的特性。

（4）能力 competence

应用知识和技能实现预期结果的本领。

（5）计量特性 metrological characteristic

能影响测量结果的特性。

（6）技术状态 configuration

在产品技术状态信息中规定的产品或服务的相互关联的功能特性和物理特性。

（7）技术状态基线 configuration baseline

在某一时间点确立并经批准的产品或服务特性的产品技术状态信息，作为产品或服务整个寿命周期内活动的参考基准。

11．有关确定的术语（共9个）

（1）确定 determination

查明一个或多个特性及特性值的活动。

（2）评审 review

对客体实现所规定目标的适宜性、充分性或有效性的确定。

（3）监视 monitoring

确定体系、过程、产品、服务或活动的状态。

（4）测量 measurement

确定数值的过程。

（5）测量过程 measurement process

确定量值的一组操作。

（6）测量设备 measuring equipment

实现测量过程所必需的测量仪器、软件、测量标准、标准物质或辅助设备或它们的组合。

（7）检验 inspection

对符合规定要求的确定。

（8）试验 test

按照要求对特定的预期用途或应用的确定。

（9）进展评价 progress evaluation

项目管理针对实现项目目标所做的进展情况的评定。

12．有关措施的术语（共10个）

（1）预防措施 preventive action

为防止不合格产品和服务产生所采取的防范措施。

（2）纠正措施 corrective action

为消除不合格的原因并防止再发生所采取的措施。

（3）纠正 correction

为消除已发现的不合格所采取的措施。

（4）降级 regrade

为使不合格产品或服务符合不同于原有的要求而对其等级的变更。

（5）让步 concession

对使用或放行不符合规定要求的产品或服务的许可。

（6）偏离许可 deviation permit

产品或服务实现前，对偏离原规定要求的许可。

（7）放行 release

对进入一个过程的下一阶段或下一过程的许可。

（8）返工 rework

为使不合格产品或服务符合要求而对其采取的措施。

（9）返修 repair

为使不合格产品或服务满足预期用途而对其采取的措施。

（10）报废 scrap

为避免不合格产品或服务原有的预期使用而对其所采取的措施。

示例：回收、销毁。

13．有关审核的术语（共17个）

（1）审核 audit

为获得客观证据并对其进行客观的评价，以确定满足审核准则的程度所进行的系统的、独立的并形成文件的过程。

（2）结合审核 combined audit

一个受审核方对两个或两个以上管理体系同时进行的审核。

（3）联合审核joint audit

在一个受审核方，由两个或两个以上审核组织所进行的审核。

（4）审核方案 audit programme

针对特定时间段所策划并具有特定目标的一组（一次或多次）审核。

（5）审核范围 audit scope

审核的内容和界限。

（6）审核计划 audit plan

对审核活动和安排的描述。

（7）审核准则 audit criteria

用于与客观证据进行比较的一组方针、程序或要求。

（8）审核证据 audit evidence

与审核准则有关并能够证实的记录、事实陈述或其他信息。

（9）审核发现 audit finding

将收集的审核证据对照审核准则进行评价的结果。

（10）审核结论 audit conclusion

考虑了审核目标和所有审核发现后得出的审核结果。

（11）审核委托方 audit client

要求审核的组织或人员。

（12）受审核方 auditee

被审核的组织。

（13）向导 guide

审核由受审核方指定的协助审核组的人员。

（14）审核组 audit team

实施审核的一名或多名人员，需要时由技术专家提供支持。

（15）审核员 auditor

实施审核的人员。

（16）技术专家 technical expert

审核向审核组提供特定知识或专业技术的人员。

（17）观察员 observer

伴随审核组但不作为审核员的人员。

8.4 物业服务企业质量管理体系认证过程与要求

8.4.1 质量认证的概念

质量认证，又称为合格认证（Conformity Certification）。质量认证的概念包括以下几个方面的要点：

（1）质量认证的对象：产品或服务，以及涉及提供产品或服务的质量体系。

（2）质量认证的主体：独立于买方和卖方的第三方权威机构。

（3）质量认证的依据：标准（经标准化机构证实发布，由质量认证机构认可的产品标准、技术规范、质量保证模式标准等）。

（4）质量认证鉴定的方法：产品质量抽样调查、对企业质量体系的审核和评定。

（5）质量认证合格的表示方式：颁发"认证证书"、"认证标志"，予以注册登记。

（6）质量认证机构的性质为第三方：通常情况下，"第一方"是产品生产企业，"第二方"是产品的采购单位，"第三方"是独立于第一方、第二方的另一方。质量认证活动中的第三方就是一个公正的认证机构，即：质量认证机构与第一方和第二方无论是在行政隶属，还是在经济利害方面均无任何关系。

1．质量认证的基本要素

质量认证机构对所要认证的产品或服务及其供方采取一系列检查监督手段，其目的就是为了确保被认证产品或服务的信誉，这些检查监督的手段就构成了质量认证的基本要素，即初始试验、质量体系检查、监督检验、监督检查。

（1）初始试验（型式试验）

初始试验原是新产品定型鉴定的必要程序。在产品或服务质量认证时采用这种方式，其目的侧重于证明被认证产品或服务的质量是否符合认证标准规定的全部技术要求。"试验"所需样品数量由质量认证机构确定，样品从制造厂的最终产品中或从市场上随机抽取。如果独立的检验机构缺少某些所得的试验设备，可以在认证机构的监督下使用制造厂的试验设备。

（2）质量体系检查

质量体系检查是对认证企业的质量保证能力进行检查和评定，也称为质量保证能力检查。检查的主要目的是：证明被认证的企业在技能上和管理能力上是否具有持续生产符合标准的产品或服务。由于对产品进行抽样检验只能证明企业一时的产品质量，不能证明持续的质量，而第三方质量认证的核心就在于要证明产品质量可以持续符合标准的要求。

解决办法有两种：一是对企业生产的产品进行逐批检验，这将大大提高认证所需费用；二是通过检查、评定企业的质量体系来证明该企业具备持续、稳定地生产符合标准要求的产品的能力，这是一个既经济而又简便的方法。

（3）监督检验

监督检验是指产品或获准质量认证后的定期或不定期的监督性抽查。其目的是为了防止被认证企业在获取认证标志和合格证书后有损害消费者、业主、住户利益的行为，不能持续地保证符合标准的要求，从而使质量认证失去意义，质量认证标志失去信誉。

监督检验的项目主要是以与制造有关的项目和用户、住户反映的质量缺陷为重点，半年为一个监督检验周期。

（4）监督检查

监督检查是指对获准质量认证的企业（包括产品认证或体系认证）的质量体系进行的监督性复查。这是对获准认证企业的第二个监督措施，即：对认证企业的质量保证能力进行定期复查。复查中如果发现企业的质量保证能力有下降的表现，质量认证机构有权督促企业限期改进。

2．质量认证的基本形式

质量认证制度按其认证基本要素的不同，大致可分为以下8种形式：

（1）仅作初始试验，无认证后的监督。

这种认证制度的主要特点是：

1）认证机构只证明提交试验的样品符合标准要求，但不证明以后生产的同样产品继续符合标准；

2）认证机构只向申请企业颁发合格证书，但不使用（不授予）合格标志，且合格证书不能用于广告、宣传等公开场合。

因此，这种认证制度所提供的信任程度和适用范围是有限的。一般称这种认证制为型式认可或型式批准（Type Approval）。

（2）初始试验并进行认证后监督，即市场抽样检验。

（3）初始试验并进行认证后监督，即工厂抽样检验。

（4）初始试验并进行认证后监督，即市场和工厂抽样检验。

（5）初始试验并进行质量体系评定再加认证后监督，即质量体系复查加工厂和市场抽样检验。这是一种完善的认证类型，它能向消费者和用户提供最大的信任。ISO称之为“典型的第三方认证”，是ISO向世界各国推荐的质量认证类型，也是各国经常采用的质量认证制度之一。ISO出版的所有关于认证工作的国际指南，都是以这种认证制为基础的。

（6）只进行工厂质量体系的检查、评定和复查，亦称质量体系认证。按这种认证制审查批准的企业，不能在出厂的产品上使用产品质量认证标志。这种认证制适用于企业所生产的产品目前还没有合适的用于认证的标准，而用户又希望所买到的产品是可以信赖的，企业也希望得到第三方机构的证明，以提高其质量信誉。

（7）批检，即对特定的一批产品质量进行认证（通过抽样检验），不存在监督环节。

（8）全检，即通过对企业出厂的产品进行百分之百检验的方法来实施认证。

3．质量认证的分类

质量认证的分类有多种，这里主要对供方的认证加以阐述。

对供方的质量认证，按其认证标的不同，分为产品质量认证和质量体系认证两类。

（1）产品质量认证

产品质量认证是指为了证明某种产品已建立的质量保证体系，能够稳定地提供符合某种特定技术标准或规范的产品而进行的认证。这种认证分为强制性认证和非强制性认证两种。认证的依据是：①适宜的产品标准；②特定的质量保证体系。

（2）质量体系认证

质量体系认证是指通过评定与后来的监督，提供适当水平的置信度，以确信供应商的质量体系符合标准的要求所进行的认证。质量体系认证的依据是ISO 9000系列标准。

（3）产品质量认证与质量体系认证的特点

物业管理质量认证一般采用质量体系认证，见表8-1。

产品质量与质量体系认证特点比较　表 8-1

项目	产品质量认证	质量体系认证
认证对象	特定产品	供方的质量体系
获准认证的依据	①产品质量符合制定的标准 ②质量体系满足制定的质量保证标准要求及特定产品的补充要求 ③评定依据应经认证机构认可	①质量体系满足申请的质量保证模式标准的要求和必要的补充要求 ②质量保证模式由申请企业选定
认证证明的方式	产品认证证书、认证标志	质量体系认证（注册）证书、认证标志
证明的使用	认证标志能够用于产品及其包装上	认证证书和认证标记可以用于宣传资料，但不能用于产品或包装上
认证的性质	资源认证和强制认证管理相结合	一般均属于资源认证

8.4.2 质量体系认证

质量体系认证的目的就是通过评定与后来的监督，提供质量水平的可信度，以确信供应商的质量体系符合标准的要求。

质量体系认证所依据的标准是ISO 9000系列标准。实施质量体系认证时，申请认证的企业可以根据本企业的具体情况和产品的复杂程度，选择其中的一种质量保证标准。认证机构定期（一般是每年）出版《取得质量体系认证资格的企业名录》（后简称《名录》），写明每个企业通过认证所依据的具体标准，即具有哪种模式的质量保证能力，以供各订货单位参考。订货单位在订货时，可根据所订产品的复杂程度，从《名录》中选择适合的企业签订订货合同。

质量体系认证的一般程序如下：

1．申请与受理申请

企业申请质量体系认证，必须填写认证机构提供的申请表，在表中说明所提供产品、服务的质量体系。认证机构收到申请后，将通知企业，接受申请或不接受申请，或要求企业作出进一步的说明。

2．现场检查

认证机构受理申请后，即派注册检查员对企业的质量体系进行现场检查。根据申请认证的企业所选定的质量体系模式，在ISO 9000系列标准中选择一种与之相适应的标准作为检查评定的依据。现场检查可通过参观、面谈、查阅文件和观察活动等方式进行。在检查中如发现不合格将填写不合格报告。

3．评定

检查组成员研究检查结果，做出实事求是的评价。评定结果必须有明确的结论、说明和改进的方向、时限。评定结论分为三个层次：推荐、延迟推荐、不推荐。

4．准予注册和发放注册证书

当认证机构接到检查小组的评定结果报告时，对推荐注册的企业，经审查后即可准予注册，并发放注册证书，允许其按规定使用认证机构指定的符号或标志。

5．监督

发放注册证书后，认证机构将根据认证制度规则对获准注册企业的质量体系进行监督、复查。监督、复查的频次和范围由认证机构确定，安排的方式要以能够保证质量体系的有效运转为前提。监督、复查中若发现质量体系有变化或企业未执行认证机构的有关制度规则，或出现了任何其他预料会对质量体系产生不利影响的情况，则将立即被责令停止展示或使用注册证书（包括符号、标志），或将注册暂缓，或收回注册证书、撤销注册。

8.4.3 物业管理质量认证的实施

1．物业管理实施质量认证的意义和作用

质量认证制度之所以普遍受到世界各国、各地区、各行业的重视，其关键就在于这种制度使一个公正机构对产品质量和服务质量或质量体系作出了正确而可靠的评价，为人们提供了可以完全信赖的质量信息，对供方、需方、社会的利益都有着不可低估的重要意义。

国内外大量的物业服务企业（公司、物业小区）都得到了国际或本国质量认证组织的认证，这些企业的实践证明，在物业管理行业中实施质量认证有着极其重要的意义和作用：

（1）有助于提高物业服务企业（公司）的质量信誉和形象。

（2）有助于物业投资方、物业开发方、业主、住户选择物业服务企业。

（3）有助于促进物业服务企业建立健全质量体系，提高质量管理水平。

（4）增强物业服务企业及其所管理的物业在市场上的竞争能力。

（5）减少社会重复检查的费用。

（6）有利于保护业主、住户的利益。

2．物业管理质量认证实施的程序

（1）提出申请

典型的第三方认证属自愿性认证，需企业自行提出书面申请。目前物业服务企业的质量认证仅为自愿认证。在实际操作中，企业可以在提出正式申请之前，向认证机构口头提出申请认证的意向，获得必要的咨询，然后再正式填写认证申请书，附上质量手册，送交认证机构。

（2）认证机构受理申请

认证机构在接到物业服务企业请求认证的申请书后，将着手审查，并向符合条件的申请者发出接受申请的通知书，企业按通知书的要求缴纳相关费用。

（3）初始检查

认证机构委托认可的检查机构对申请认证的物业服务企业的质量体系进行初始检查。对物业服务企业而言，根据其行业服务性质的特点，一般选择ISO 9002标准建立其质量体系（当然，国内外目前已有一些意识超前的企业在选择ISO 9002认证的同时，还选择了ISO 14000标准作为其认证的目标）。因此，检查的依据就是ISO 9002标准以及企业的质量手册。

检查的顺序是：

1）检查物业服务企业所提供的质量手册是否符合ISO 9002标准的要求；

2）现场检查质量体系的实际运转情况、质量手册的贯彻执行情况。

检查结束后即形成检查报告，做出结论性意见，送交认证机构，并通知企业。如果检查结论为“推迟推荐”，企业应在限期内改进质量体系，并由检查组进行复查，达到要求时即可向认证机构推荐。

（4）初始检验

检查机构在初始检查后抽取认证产品的样品，或由认证机构在市场上抽样，送交认可的检验机构进行检验，检验的依据是认证机构指定的产品标准。

（5）审查、发证

认证机构对质量体系检查报告和产品抽样检验报告进行审查，若认为符合认证条件，即可向申请企业颁发合格证书和合格标志；若不符合条件，企业将被告知“不推荐”及不推荐的原因。

（6）监督

认证后的监督是确保认证标志信誉的不可缺少的环节。实施认证后的监督管理，首先要求认证企业在其质量体系发生重大变化时，要及时向认证机构报告。

所谓质量体系发生重大变化包括：

1）改变程序；

2）质量管理办法、工作程序、措施有重大修改；

3）发生了重大的质量事故等。

认证后监督的主要环节是监督检查和监督检验。其中，检查周期一般为半年，也可不定期进行，但不预告。

（7）处罚

在认证后的监督中若发现下列情况之一者，认证机构将终止或撤销对该企业的认证，并收回合格证书和合格标志，有时还要处以罚款。对非认证企业盗用认证标志的，将追究其法律责任：

1）已认证服务项目的质量下降；

2）已认证企业的质量保证体系已不再符合ISO 9002标准的要求；

3）认证标志在非认证产品、服务项目上使用；

4）将认证标志转让他人使用。

8.4.4 物业管理质量认证的管理

1. 物业管理质量认证的管理机关和执行机构

（1）认证的管理机关

开展典型的第三方质量认证，首先要有一个管理认证的权力机关。这个机关的任务是制定认证的方针政策和各项规章、批准组织建立认证机构或对已建立的认证机构进行认可，并对已获批准或认可的认证机构进行定期监督检查，如发现认证机构在工作中失责或违反有关管理条例者，该权力机关有权撤销对认证机构的批准或认可决定。在许多国家这个权力机关一般都是标准化组织或其授权的认可委员会。

我国的认证管理机关是国家技术监督局或其授权的认可委员会。

（2）认证机构

这是一个依据法律性文件建立起来的、由权威的第三方公证机构、由官方的和民间学术团体组建的机构。无论是哪种性质的认证机构，均须经认证管理机关的批准和认可。

认证机构的主要职责是：受理企业的认证申请，发布认证标志并监督认证标志的正确使用；对质量检验机构和质量体系检查机构进行监督，督促其公正地履行自身职责。

（3）检验机构

检验机构的任务是根据认证机构的委托，对申请认证产品的样品按指定的标准进行检验，证明其是否符合标准规定的要求，并向认证机构提供产品质量检验报告。检验机构还承担着对认证产品的监督检验的职责。

（4）检查机构

检查机构的任务是根据认证机构的委托，指派注册检查员，按认证机构规定的要求，对申请认证的企业的质量保证能力进行检查和评定，做出结论，向认证机构提交检查报告，并进行认证后的监督检查。

2．主要认证机构

（1）中国方圆标志认证委员会（China Certification Committee for Quality Mark，简称CQM）

目前我国已成立的认证机构中，最重要的是中国方圆标志认证委员会。

中国方圆标志认证委员会（CQM）成立于1991年9月17日，是国家技术监督局直接设立的第三方国家认证机构，由生产、销售、使用、科研、质量监督、标准化、计量等方面的专家和消费者组织的代表组成。认证范围包括有形产品和无形产品。

（2）主要国际质量认证组织

1）国际标准化组织合格评定委员会（ISO/CASCO）

国际标准化组织（ISO）的合格评定委员会（Committee on Confority assessment，CASCO）。CASCO的前身是ISO的认证委员会（Committee on Certification，CERTICO）。该委员会成立于1970年，最初仅致力于合格认证理论和方法的研究，后来将这种研究扩展到了试验室认可和质量体系的评定，1985年将CERTICO改名为CASCO，即合格评定委员会。

CASCO的主要任务是：

①研究关于产品、加工、服务和质量体系符合适用标准或其他技术规范的

评定方法；

②制定有关产品认证、检验和检查的国际指南，制定有关质量体系、检验机构、检查机构和认证机构的评定和认可的国际指南；

③促进国家和区域合格评定制度的相互认可，并在检验、检查、认证、评定和有关工作中，采用合适的国际标准。

2）欧洲检验和认证组织（European Organization for Testing and Certification，简称EOTC）

EOTC成立于1990年，由欧共体委员会、欧洲自由贸易协会、欧洲标准化委员会和欧洲电工标准委员会四家联合组建。其宗旨是：促进欧洲经济共同体贸易，鼓励欧洲认证制度的发展，促使检验报告和认证证书的相互承认。该组织是欧洲合格评定发布的促进机构及协调机构。

（3）ISO认可的认证机构

国际标准化组织（ISO）在1983年出版《国际标准题内关键词索引》中印发了24个（包括ISO、IEC）国际组织，它们的部分标准被公认为是国际标准。这些标准化组织所确定的标准在需要认证的国家一经注册，便从事认证，如英国标准化协会BSI是世界上最早设立的标准化组织，国际标准的大多数都取自于BSI，目前世界上已有近2000家企业获得了它的认证。

本章小结

本章主要讲授了ISO 9000标准产生的背景、历程与发展、质量管理体系标准的结构与特点、质量管理体系基础和术语以及物业服务企业质量管理体系认证过程，使学生了解质量管理体系的认证要求，更好地提高物业管理服务质量。

思考题

1. 简述ISO 9000族标准产生的历史背景及其作用。
2. 简述ISO 9000族标准的产生发展过程。
3. 简述ISO 9001：2015标准的主要特点。
4. ISO 9001：2015的标准术语分为哪几类？
5. 简述物业管理服务实施质量管理体系的意义。
6. 简述物业管理质量认证实施的程序。

9

质量管理经典案例

9.1 松下公司的严格质量管理

松下公司为了取得用户的真正信赖，无论是制造部门还是销售部门，在所有方面均应符合消费者的需求，不制造也不销售优良产品以外的任何商品，这是松下公司一直严格遵守的方针。松下公司认为，从制造到销售以至于最终用户那里的结果真正做到令人满意，保证服务方面不会有任何纰漏，才是获得完美无缺的开始。

该企业在1940年松下幸之助创业之初，就开展了全员生产优良产品的总动员运动，今天的品质思想也是从那时开始的。其内容要点如下：

第一，制作满足一切消费者需求的产品。

第二，不生产和销售一台不合格的产品。

第三，注意产品的购买趋向，科学预见消费者的需求，以便提供优良服务。

在1942年，松下社长又通过一个通知的形式，对产品的质量更加具体地向员工提出了要求，其要点是：

第一，要生产非常有人情味的、人性化的、有情趣的、高尚的并能够使消费者拿到商品以后非常高兴的商品。

第二，不能为了追求利润而偷工减料，使产品质量下降。

第三，与其他公司相比较连产品的细微部分都不能逊色。

第四，生产与松下品牌名副其实的产品。

这些内容，就是松下电器质量概念的基础。这里，我们把松下品质与理念归纳整理为两点：

第一点，就是提供有梦想、有魅力的产品，制造有魅力高质量的产品。这是创业者在创业初期就具备的基本思想。

第二点，就是“三现主义”，就是现场、现物、现实，要理论与实际相结合，进行严格的品质管理。

松下的创业者认为，公司提供的商品就是要使人感到有激情、有活力、让人感动。因此，松下的领导者要亲自站在消费者的立场上对商品进行检查。他们都知道，产品的质量是企业的生命，具有这样强烈意识的经营责任者，才能带领全体职工参加以生产优质品为准则的经营活动。

在这里，着重就松下实现顾客第一、提高设计完成度、自我责任时代的品质，以及品质保证体系和检查作一介绍。

首先，顾客第一理念的实现。第一点是充实顾客咨询中心。以在日本的情况为例，松下在东、西有两处“顾客咨询中心”，每年大概接受147 万件咨询，咨询内容中使用方面占42%，购物方面占20% ，修理方面占28%，这些咨询内容向各个产品的制造事业部门以及各职能部门进行反馈。然后，这些咨询的信息又成为如何提高顾客满意度的参考资料。另外，顾客第一的实现，还有建立产品质量联络员制度。公司产品质量部为了直接掌握顾客的反映和呼声，并且将这些信息及时向各个事业部进行反馈，建立了产品质量联络员制度。在新产品上市之后，公司马上就能够迅速地把握市场的真实情况，并且将这些内容迅速向事业部最高层领导进行反馈。现在，公司在日本有联络员600名，包括海外17家销售公司。质量部对直接和间接的信息进行收集、分析后，会马上进行商品的检验和商品的改善。第二点是关于产品审查的内容。产品审查如果没有通过，就不能出厂，这是松下自己的一个制度。1946 年松下幸之助自己亲自担任产品检查所的所长，站在消费者购买和使用的立场，对产品进行审查。同时他宣布，只有通过审查的产品才能进行销售。为了进一步贯彻站在顾客的立场上进行严格的审查的制度，公司于1959 年正式设立了产品检查所。同时，为了明确事业部的自主责任制，公司在各个事业部也成立了产品审查室，而且产品审查室长就是事业部长的一个化身。他们把产品审查室的室长叫做事业部的第二号人物，并且发出了这样的一个通知，在进行商品审查之前，站在顾客立场上，把以下20点记在脑子里，再进行审查：

（1）产品是否完全达到设计要求。

（2）产品是否能确保安全并能放心使用。

（3）是不是正确遵守了相关法定规格、社规。

（4）是不是考虑到安全使用条件下确保产品的可靠性和耐久性。

（5）声音、气味、电波等有没有给他人造成危害或影响。

（6）对于使用不当造成的事件，是不是给予了十分的关心。

（7）是否确保本公司的产品有合适的造型和格调。

（8）与其他公司产品相比较，是否更优异、更能得到顾客的满意。

（9）产品构造设计是否考虑到使用简单。

（10）是不是考虑到产品组合适用的系统性。

（11）产品操作是否显示良好状态。

（12）商品注意标识（警示语）或状态标识是否通俗易懂。

（13）是否充分运用了产品质量信息、生活中的信息。

（14）产品的安装施工、维修服务是否容易。

（15）是否充分运用了能源、资源。

（16）对于保护地球环境是不是十分关心。

（17）是否考虑到产品零部件的共用性、互换性。

（18）使用说明书是否通俗易懂，内容是否详细。

（19）包装箱、包装开箱是否容易。

（20）产品包装在运输、使用、保管、废弃等方面是否考虑周到。

下面，将对如何提高设计完成度作一介绍。

在产品质量保证工作范畴里有一个简单的开发过程，但是如果每个部门都按照开发程序一步一步去做，很费时间。因此，松下努力缩短开发的周期，降低成本并且提高产品质量。在这里松下所进行的叫做并行开发程序，就是提倡相关部门同时开展这项工作。例如，松下所说的“工艺”，不是从产品开发完之后才开始工作并考虑设备以及配件，而是从商品企划阶段就开始参与到这项工作当中，考虑采用什么设备、什么结构、比较合适的工艺来进行商品设计，向他们提出方案。现在，松下所有的部门都在贯彻这一点，就是超前的课题解决，无返工地开发工作。为了做到这一点，必须迅速地掌握而且迅速地传达有关商品生产的信息，这是非常重要的。要做到这点，就要通过IT、Internet、局域网建立非常迅速的能够获取最新消息的支援体系，建立对商品进行数据管理的支持体系及模拟试验系统。目前，这个项目正在开发实施当中并在不断地加以革新。

生产具有人性化的产品，是当今世界经济发展的一种潮流。为此，松下从1990年开始，制造具有人性化、使用方便的产品，开展了生产具有人性化、使用方便的产品活动，叫做“朋友啊，亲切的”。另外，日本是高龄化社会的国家，从1990年开始，为了适应高龄者增加的状况以及残疾人实现自立的生活要求，松下开展了敬老助残运动，旨在使老人及残疾人能够没有障碍地使用松下的商品。

生产具有人性化的商品，就是要考虑到产品对于人怎么样才能更亲切，使用起来才能安全放心，而且拿到手以后移动起来非常简单，再进行包装也非常简单、轻捷、对身体无害。关于以上提到的“爱心运动”和“敬老助残运动”，它们整体的关系是这样的一个关系，不管是健康人还是老年人、残疾人，所有的人都能满意地使用这些商品。当然还有例外，松下会单独为他们开发专用商品。比如，对盲人，就要给他们设计触摸式的产品。

在日常生活中为了将消费者的合理化建议有效地采用，松下建立了“松下监视器”这样一个制度。因为松下生产的商品不能完全从现场判断出来它是好还是坏，只能从日常生活当中，从顾客使用的观点来看产品是不是真正起到了它的作用。因此，松下建立监督制度后，便把这些从现实当中反映出来的想法和问题集中起来，反馈给制造商品的部门。松下的“监视器”是由大学生、儿童、职员、上班族、职业妇女、残疾人、老年人来组成的，获取资料的方式有集团采访、访问调查、调查表等，通过这些来监视松下的商品。松下的“监视器”实际上是一个信息收集的中心，作用是把信息收集起来，并把它反馈到松下的事业部。松下的目标是要让全世界的顾客得到最高的满足，而且把顾客满意度和社会满意度第一作为目标进行活动，就像刚才所说的那样，把人性化的设计和保护环境这两点加在一起来进行商品的开发。

松下为了更有效地进行产品的品质管理，在合作开发、顾客信息的收集和反馈等方面，使用了各种各样的支援手段，即使这样也还会发生预测不到的课题。为了不让这样的失败再次发生，对这些失败的事例进行整理、收集，把其中的经验教训用于下一个新产品的开发当中去，松下开展了防止再发生活动，即“CQA”活动。这一活动是从1976 年开始的。为此，松下开办了“CQA”讲座。“CQA”讲座有7 个单项，到目前为止已经有12000名人员参加了讲座。

世界同一品质，松下电器不只是在日本，在海外也有很多的企业。全球各地的情况是不一样的，会出现各种各样的特点，但是，不论在哪些地方制造的产品，不管在什么条件下制造的产品，都要具有同一的品质，也就是说松下目前正在为制造世界同一品质的产品进行工作。不管产品是在什么地方生产的，只要它是同一个品牌，在同一个地区或不同的地区进行销售的时候，只要在销售方面有一个地方出现了问题，便会给同一个品牌所有商品的形象带来不利的影响。

为了确保产品的质量，松下建立了由社长亲自担任议长的产品质量政策会议制度，在产品质量政策会议下设有一个产品质量政策委员会和综合制品安全委员会。产品质量政策委员会的作用，是使企业在发生个别重要质量问题的时候能够迅速应对。另外，为了应对质量风险，公司编制了一些管理手册。综合制品安全委员会成立的目的，就是要制作绝对安全的商品，建立安全优先的经营体制。生产厂家在应对社会变化的同时，要提供给顾客最满意的商品，这是他们的使命，为此，有必要构筑产品质量保证体制。松下电器集团的宗旨是提供给顾客优质满意的商品，优质的服务和优质的质量经营。所以，经营者有这样一个想法，要把生产优质产品的理念在具体的产品质量保证体系中体现出来，并且以这个想法为基础，把握和提高全公司的水平和体制，强化这个体制，把自我品质责任时代的产品质量战略作为检查的项目。松下通常把它叫做“品质地图”。实际上，日本从1989 年就开始实施了这一举措，海外公司则是从1992 年开始的。近几年制造业发生了很大的变化，这些变化体现在社会环境、地球环境的保护，还有高度信息化、老年化、商品制造的国际分工、价格战等问题以及高科技化诸多方面。为使企业生产的产品有更高的可靠性、安全性，国际上建立了ISO 9000质量认证体系。随着时代的推进，顾客对于企业的要求越来越多样化，企业现在也在追求更高的附加值。

案例来源：马国辉，刘琴．质量管理的100种最实用方法［M］．北京：中国经济出版社，2014：264.

9.2 轩尼诗——百年品质经典

全球优质干邑酿造者——Hennessy轩尼诗，1765年创立于法国。轩尼诗家族以精湛的酿酒工艺，完美的优良传统，致力于打造高品质干邑。一桶桶贮存百年以上的白兰地，说明了轩尼诗努力的目标——迈过另一个百年秉持以世纪为经营单位的理念，从品质着手，赢得了白兰地的“三冠王”。

酿酒是百年事业，如何让现代人喝到贮存几十或百年以上的陈酿。而又如何将公司再经营一百年，让百年之后的人们能品尝到今天才入窖的美酒，是他们努力的目标，轩尼诗经营的是生命，而且是以世纪为单位。

这就是多数企业追求的理想阶段的“持续经营”。轩尼诗是干邑地区部分拥有贮存百年以上超级陈酿的白兰地酒公司。现在，他们正在努力的迈过另一个百年。吉尔·轩尼诗这位轩尼诗家族的第七代传人，站在集团数十个巨型酒库中说道：“今天入窖的白兰地，你我这一代的人一定喝不到。”这种说法很实际，但更突出地是他对持续经营的感受与实践。

至今二百多年

是什么原因让轩尼诗由1723年至今经营二百多年？最重要的是正确的企业经营理念。在这方面，该企业已界定每百年为一个努力目标，一切都是从长远的方面规划投资，也就是绝对没有投机的成分。例如：该企业买下一块占地10公顷的橡树林，为的是供应一个世纪之后贮酒用的橡木桶的原材料。

为了一百年后的发展，他们要投入一百年，轩尼诗现今自产的橡木桶，每年有20%供应其他同行，这些都是决定经营成败观念品质的升华。

干邑地区的土质中有石灰质，属白垩地质，很特别，非常适合种植葡萄。除了土质因素之外，石灰质混合土质有海绵储存水分的功能，降雨量太多太集中，就储存在土质里；在缺雨季节，土中水分仍然湿润。

轩尼诗品质主管说："我们选择地区是很严格的。法国有专门机构管理监督酒类产销，而我们的自我约束更为严格。即使是干邑区，即使是我们自有的葡萄园地，地质不好，我们也只种玉米，不种葡萄"。

严格选择种植地区

因为坚信种瓜得瓜，种豆得豆，什么样的土地长出什么样的葡萄，他们每年只与两千户葡萄农签下栽培合约，以补充自有15座葡萄园的不足。

吉尔·轩尼诗说："以轩尼诗工厂加工能力与市场需求来衡量，轩尼诗可以扩充更多的自有葡萄园，与更多的葡萄农建立供应关系，但是我们要的是好的葡萄生产好的酒，而不是盲目扩大生产量"。

葡萄种子也很重要，干邑区产的葡萄糖分并不是很高。所以在发酵过程中，产生的酒精也不会最高。因此，蒸馏时为了获得更多的酒精，就要以加倍的原汁来加工蒸馏，在获得酒精的同时，却因此获得更多的其他组成酒质的物质，这种低糖缺点也就成了优点。这种葡萄还有抗寒、耐雨性能。抗寒就可以种植在较冷的地方，天生病虫害少，也不必使用农药，这对成品纯净卫生、不受药物污染是很有益处的；耐雨是因为成串的葡萄果实间距较大，雨水不会在葡萄之间存留，葡萄也不会因此腐烂而影响酒的品质。其他如草藤、果实分布均匀，阳光照射机会大，光合作用好，果实丰硕、根深耐寒，利于吸收水分与养料过冬，以及果蒂结实，便于机器采收等等都是选择这种葡萄的原因。

先天后天条件配合

有了先天条件之后，还要有后天的因素配合，后天影响品质的因素是原汁发酵贮存、蒸馏的分级与回馏、装入橡木桶期间的新旧桶的更换、桶的定时转动、酒的品尝、不同产地与不同葡萄酿成蒸馏后的白兰地的调配等相关经验的运用，以及现代化科技手段的使用。

需要坚持的是传统的酿造方法，例如：原汁发酵贮存改用巨大不锈钢桶代替，可是阀门上的葡萄酸结石等物质有助于发酵、隔热等，就绝对不会被清洗掉。

还有蒸馏用具，长久以来都是铜制品。冷热传导都快，所以恒久不变，由蒸馏厂到轩尼诗博物馆，使用的都是同一种蒸馏用具。将第一回加热的头五分钟蒸得的头道酒倒回再蒸，头道酒酒精味重，色泽浓浊；第三道酒味清而不正，因此独取第二道，也是一种不变的经验。中国大约一千年前金宋时期就已知蒸馏酒，色香味也以第二道的二锅头最纯正可取。白兰地的“二锅头”就是取最好的“酒心”，再将这“酒心”经过另一次蒸馏，大约每九公升才能蒸得一公升浓纯70度的干邑美酒。

至于初入橡水桶的酒量只能七分满，每只桶都需横置，不停地转动，这是为了让酒与空气增大接触面，使接触机会均等，对贮存期的后熟发展有直接作用。

品尝评鉴、调配取舍体现了技术与经验的丰富，品管人员的决定比企业董事还有用。品管人员要真正在行，对于重大的技术变动或创新，公司16 位品酒师与其他配酒师、经营者也是把关人。

在参观以贮存1800年白兰地为主的酒窖里，吉尔·轩尼诗出示四瓶分别贮存三年到一百多年的未经调配的白兰地，并以小鉴赏杯供人品尝，果然是年浅者辛辣如工业酒精，百年超级陈酿则非常醇美。“调配酒就是这个道理”，吉尔·轩尼诗说：“调配酒就是取长补短，让它协和圆润，天下没有一种酒是没经过贮存调配就完美的。”

抓住所有品质环节

通常一个橡木桶可用一百年，但是白兰地在橡木桶内贮存50年至80年较好，而且要在换木桶的情况下进行。较合理的贮存与后熟过程，是在最后时期将白兰地移至一种外形口小颈细，肚子圆大的蒸馏水玻璃瓶中，使圆熟继续进行，但过程会趋于缓慢，久存品质不会有剧烈变化，且能减少桶内蒸发。

欧洲白兰地酿造业者对于橡木桶内贮存期的2%的蒸发，称之为“给上帝的配额”，存的太久，也有可能耗损更大。重视研究开发的轩尼诗也不便向上帝要回那为数可观的“配额”，只有改用大瓶来贮存，如此可节省约二百万瓶高级白兰地。为了提高品质，轩尼诗几乎抓住了所有环节，最后为了提高营利，连上帝的2%也考虑到了。

轩尼诗的生意越做越大，如今已与法国最有名的莫椰香登香槟、CD 等名牌兼并，由美酒到香水服饰，轩尼诗式的世纪品质除了在轩尼诗开花结果，也随着葡萄藤伸向四方。

案例来源：马国辉，刘琴. 质量管理的100种最实用方法［M］. 北京：中国经济出版社，2014：273.

9.3 华为的质量管理

华为企业一枝独秀，成为世界级的产品质量标杆，这其中的秘密是什么呢？其实也很简单，就是华为注重质量管理工作，那么华为到底是怎么做的呢？

跟着客户成长起来的质量体系

2000年的华为，将目标锁定在IBM，要向IBM这家当时全球最大的IT企业学习管理。当年，IBM公司的引入帮助华为构建集成产品开发IPD流程（Integrated Product Development，即集成产品开发，是一套产品开发的模式、理念与方法）和集成供应链ISC体系（Internet Service Customer，即网络服务于客户，是一种最新的电子商务营销方法）。

那时，印度软件开始快速崛起，任正非认为软件的质量控制必须要向印度学习。所以华为建立了印度研究所，将CMM软件能力成熟度模型引入华为。

IPD+CMM是华为质量管理体系建设的第一个阶段。IPD和CMM是全球通用的语言体系，这期间也是华为国际化业务大幅增长的时期，全球通用的语言使得客户可以理解华为的质量体系，并可以接受华为的产品与服务。

第一阶段帮助华为实现了基于流程来抓质量的过程。在生产过程中，由于人的不同会导致产品有很大的差异，而这套体系通过严格的业务流程来保证产品的一致性。

随着华为的业务在欧洲大面积的开展，新的问题出现了：欧洲国家多，运营商多，标准也多。华为在为不同的运营商服务时，需要仔细了解每一家的标准，再将标准信息反馈到国内的设计、开发、生产制造环节。欧洲的客户有一套详细的量化指标用来认定供应商质量的好坏，如接入的速度是多少，稳定运行的时间是多少等。

几年前，业界有新手机发布的时候，不同的国家都要有不同的发布时间，原因在于每个国家用户的需求不同、政府监管要求不同、行业质量标准也不同，手机厂商必须要针对不同国家做适配后再发布。经过多年的摸索，华为现在已经可以全球统一发布新款手机，而这完全基于这些年对于标准的摸索。

这是华为质量体系建设的第二个阶段，在这个磨炼的过程中，华为渐渐意识到标准对于质量管理的作用。随着欧洲业务成长起来的，是华为自己的一套“集大成的质量标准”。在这个阶段，在流程基础上强化了标准对于质量的要求，通过量化指标让产品得到客户的认可。

接下来，华为的开拓重点为日本、韩国等市场，来自这些市场的客户的苛刻要求让华为人对质量有了更深入的理解。在拓展欧美市场时，只要产品有一定的达标率就可以满足客户要求，被定义为好产品。但是产品达标率对于日本就行不通，在日本客户看来，无论是百分之一、千分之一的缺陷，只要有缺陷就有改进的空间。

工匠精神，零缺陷，极致，这些词时时“折磨”着华为的员工。在流程和标准之外，质量还有更高的要求，这需要一个大的质量体系，更需要一个企业质量文化的建设。只有将质量变成一种文化，深入到公司的每一处毛细血管，所有员工对质量有共同的认识，才可能向“零缺陷”推进。

2007年4月，华为公司70多名中高级管理者召开了质量高级研讨会，以克劳士比“质量四项基本原则”（质量的定义、质量系统、工作标准、质量衡量）为蓝本确立了华为的质量原则，这就是华为质量史上的“十一届三中全会”。会议后，克劳士比的著作《Quality Is Free》（质量免费）在华为大卖，主管送下属，会议当礼品，使得这本冷门书居然在华为公司热得不行。

这是华为质量体系的第三个阶段。从那个时候开始引入克劳士比的零缺陷理论，做全员质量管理，构建质量文化，每一个人在工作的时候都要做到没有瑕疵。

客户的需求在变，没有一套质量体系是可以一成不变的。完成了流程、标准、文化的纬度建设，华为又遇到了新问题：如何让客户更满意。此时，卡诺的质量观成为华为学习的新方向。

日本的狩野纪昭博士（Noriaki Kano）定义了三个层次的用户需求：基本型需求、期望型需求和兴奋型需求，他是第一个将满意与不满意标准引入质量管理领域的质量管理大师。基本型需求是顾客认为产品“必须有”的属性或功能，比如手机的通话功能。当其特性不充足时，顾客很不满意；当其特性充足时，客户无所谓满意或不满意。期望型需求要求提供的产品或服务比较优秀，但并不是“必须”的产品属性或服务行为，有些期望型需求连顾客都不太清楚，但是是他们希望得到的。兴奋型需求要求提供给顾客一些完全出乎意料的产品属性或服务行为，使顾客产生惊喜。当其特性不充足时，并且是无关紧要的特性，则顾客无所谓；当产品提供了这类需求中的服务时，顾客就会对产品非常满意，从而提高顾客的忠诚度。

围绕客户满意度，华为的质量建设进入第四个阶段：以客户为中心的闭环质量管理体系。这就要求要基础质量零缺陷之外，要更加重视用户的体验。也正因为这个以客户为中心的闭环质量管理体系，使华为获得了“中国质量奖”。

零缺陷跟随客户导向不断完善

从流程管理到标准量化，而后是质量文化和零缺陷管理，再到后来的以客户体验为导向的闭环，华为质量管理体系跟随客户的发展而逐渐完善。在这一过程中还特别借鉴了日本、德国的质量文化，与华为的实际相结合，建设尊重规则流程，一次把事情做对，持续改进的质量文化。

华为有着复杂的业务线条，质量体系也相当复杂，文化与机制两部分相辅相成并且互为支撑，很难用一张完整的架构图来说明华为的质量体系。用Mars的话说：质量不是独立的，是一种结果。要达成产品的质量，需要每一个人的工作质量去保证。如果只是一个独立的组织作为监管方去抓质量，肯定是抓不好的。

在这样的体系内，每一个人对于最终的质量都有贡献。质量与业务不是两条独立的线，而是融在产品开发、生产以及销售、服务的全过程中。所以，华为的质量管理是融入各个部门的工作流程中去开展的。

在质量管理自身上，也需要创新的思想、工具、方法。华为斥巨资建立了一套完整的流程管理体系，涵盖了从消费者洞察、技术洞察、技术规划、产品规划、技术与产品开发、验证测试、制造交付、上市销售、服务维护等各个领域，并且有专门的队伍在做持续优化和改进。

2010年华为建立了一个特别的组织：客户满意与质量管理委员会（英文简称：CSQC），这个组织作为一个虚拟化的组织存在于公司的各个层级当中。在公司层面，由公司的轮值CEO亲任CSQC的主任，而下面各个层级也都有相应的责任人。这样，保证每一层级的组织对质量都有深刻的理解，知道客户的诉求，把客户最关心的东西变成作为改进的动力。

这是一个按照公司管理层级而来的正向体系。在华为，还有源于客户的逆向管理质量体系。比如运营商BG，每年都会召开用户大会。在这个大会上，邀请全球100多个重要客户的CXO来到华为，用三天的时间、分不同主题进行研讨，研讨的目的就是请客户提意见，给华为梳理出一个需要改进的TOP工作表单。然后华为基于这个TOP清单，每一条与一个客户结对，并在内部建立一个质量改进团队，针对性解决主要问题。第二年的大会召开时，第一件事就是汇报上一年的TOP10改进状况，并让客户投票。

这个逆向管理是基于华为的“大质量观”。华为认为的质量不仅仅是大家普遍认识的耐用、不坏，而是一个大质量体系，包括基础质量和用户体验，不仅要把产品做好，还要持续不断地提升消费者的购买体验、使用体验、售后服务体验，把产品、零售、渠道、服务、云端协同等每一个消费者能体验和感知的要素都做好。

一个源于管理层级的正向体系，一个源于客户的逆向体系，如何实现闭环？各层级的CSQC必须要定期审视自己所管辖范围的客户满意度，当然包括产品质量本身，也包括各个环节的体验，并且找到客户最为关切的问题，来制定重点改进的项目，保证客户关切的问题能够快速得到解决。同时，还要针对客户诉求去举一反三，再不断改善质量管理体系，使得这一体系跟随客户的要求不断演进。

在全球，能以“零缺陷”为管理体系的企业并不多，而演进到以客户满意度为基础的大质量观的企业更是少见。克劳士比的“零缺陷”质量文化已经帮助华为在竞争中胜出，接下来能够让华为长远生存下去的是，以客户满意度为中心的持续改进的质量体系。

华为的价值观是以客户为中心，所以华为的质量观也与其他企业不同。“我们是从客户的角度看质量，所以满足客户需求的、用户期待的，都应该视为质量，都是我们要持续改进的”，Mars说。

零缺陷，第一次就把事情做对

零缺陷观念意味着质量是完完全全地符合要求，而不是浪费时间去算计某个瑕疵的可能危害能否容忍，其核心就是“第一次就把事情做对”，并且是在所有环节上都要第一次就把事情做对。

对于公司来讲，就是每一个层级都要把事情做对。华为认为这需要分层分解，全员参与：在公司层面需要有明确的目标牵引，在管理层要有明确的责任，在员工层面要有全体参与的意愿和能力。

在公司的最高层，每年轮值CEO都会设定质量目标，实行目标牵引。轮值CEO设定目标的原则是：如果质量没有做到业界最好，那么就把目标设为业界最好，尽快改进。如果已经达到业界最好，那每年还要以不低于20%的速度去改进。华为从2001年起就引入盖洛普民意测评，每年对客户进行调查，并对质量进行打分，这个分数成为第二年设定目标的基数。

从管理层来讲，在不同的产品体系里每年都会对管理者做质量排名，排名靠后的主管要问责。这一规划每年都坚定执行，用以促进后进的主管，让每个主管都尽最大的力量往前跑，让管理层真正起到带头作用。

在员工层面，华为强调全员参与。全员参与有两个层面的问题要解决：一是意愿，二是能力。从意愿上，华为会设定考核目标，将质量作为员工考核的重要项目，同时也会设定很多奖项对质量方面表现突出的员工实施奖励。从能力上，公司引进了很多先进的管理方法，员工都要经过必要的培训，为全体员工提供提高质量的方法和工具，以保证每一个人都有能力去参与。

做到零缺陷，除了对内部的每一个环节做到可控，还要对全价值链进行管理。一个企业并不能独立地做好质量，以手机为例，有几百个器件、上千种物料，需要依赖整个产业链的高质量才能成就最终产品的高质量。有一次，华为的手机摄像头出现问题，反复测试后发现是摄像头的胶水质量有问题。摄像头企业是华为的供应商，而胶水企业是摄像头企业的供应商，上游出一点点小的问题，都会造成最后产品的问题，这就要求华为要把客户要求与期望准确传递到华为整个价值链，共同构建好质量。

在对供应链的管理上，华为有三点做法：第一是选择价值观一致的供应商，并用严格的管理对他们进行监控。第二是优质优价，绝不以价格为竞争唯一条件。对每一个供应商都会有评价体系，而且是合作全过程的评价，这个分数将决定其在下一次招标中能否进入。这个评分体系分为A、B、C、D档，当评分在D档的时候，就直接清除出供应商资源池，不会再被采用。第三点是华为自身也要做巨大的投资，在整个生产线上建立自动化的质量拦截，一共设定五层防护网包括元器件规格认证、元器件原材料分析、元器件单件测试、模块组件测试、整机测试。华为在生产线上做了五个堤坝，一层一层进行拦截，即使某些供应商的器件出现漂移，华为也能尽早发现并拦截。

质量成败在于文化

在华为人看来，创新要向美国企业学习，质量要向德国、日本的企业学习。在华为的大质量观形成过程中，与德国、日本企业的对比起到关键作用。

德国的特点是以质量标准为基础，以信息化、自动化、智能化为手段，融入产品实现全过程，致力于建设不依赖于人的产品生产质量控制体系。德国强调质量标准，特别关注规则、流程和管理体系的建设。德国有统一、齐备的行业标准，德国发布的行业标准约90%被欧洲及其他国家作为范本或直接采用。德国的质量理论塑造了华为质量演进过程的前半段，是以流程、指标来严格规范的质量体系。

日本的特点则是以精益生产理论为核心，减少浪费和提升效率，认为质量不好是一种浪费，是高成本，强调减少浪费（包括提升质量）、提升效率以及降低成本。与德国的“标准为先，建设不依赖人的质量管理系统”不同的是，日本高度关注“人”的因素，把员工的作用发挥到极致，强调员工自主、主动、持续改进，调动全体员工融入日常工作的“改善”，强调纪律、执行，持续不断地改善整个价值流。这也帮助华为慢慢形成了“零缺陷”质量文化以及客户导向的质量闭环。

一个企业成为高质量的企业，华为认为其根本在于文化。工具、流程、方法、人员能力，是“术”，“道”是文化。任正非举过一个例子，法国波尔多产区生产的优质红酒，从种子、土壤到种植，形成了一套完整的文化，即产品文化，没有这种文化就不可能有好产品。

任正非在外界很少公开露面，但在内部的讲话却很多。除以客户为中心这一永远不变的主题之外，任正非讲得最多的就是“质量文化”。

纵观全球质量管理科学的发展，大致可分为四个阶段：第一阶段是脱离生产的专职质检，第二阶段是基于数理统计的质量预测，第三阶段是基于系统工程的全面质量管理，第四阶段是“零缺陷”质量文化。如今，华为以客户体验为中心的质量体系，或许会成为质量管理的第五个阶段。

从第四个阶段开始，质量管理从制度层面进化到文化层面。质量的保证，不能依赖于制度和第三方的监管，这样的质量会因人而异，也不可延续。而文化，即全员认同的质量文化，可体现在每一个人的工作中。

文化的形成是一个缓慢的过程。近几十年，业界潮起潮落，不断出现新的风口，但华为一直是一家很朴素的公司，并提出了“脚踏实地，做挑战自我的长跑者”的口号。用任正非的话说，华为公司这只“乌龟”，没有别人跑得快，但坚持爬了28年，也爬到了行业世界领先的位置。任正非知道竞争会给慢跑型公司带来短期的冲击，但他要求公司上下一定不能有太大变化。比如，消费者行业变化大，将来也可能会碰到一些问题，所以华为一再强调终端要有战略耐性，要耐得住寂寞，扎扎实实把质量做好。

案例来源：http：//wenku.baidu.com/view/5643fd3eb9f3f90f77c61b2b.html?from=search.

9.4 VOLVO 的小组生产方式

为顺应人本主义思潮，瑞典VOLVO 汽车1974 年成立的卡尔马厂率先将传统的生产线作业改变为小组式生产，此举不但提高了生产能力，也有助于品质的提高，推动了汽车工业向前迈进一大步。

VOLVO汽车一向有“瑞典国宾”的美誉，代表着安全、舒适、稳重与大方。VOLVO的家乡在瑞典的哥德堡，这个朴实的城镇是VOLVO 的总部，也是VOLVO 管理中心。

在哥德堡附近，有三座工厂：托斯兰达（Torslanda）厂主要生产汽车本体；乌德瓦拉（Udde valla）厂及卡尔马厂是汽车拼装厂。另有一座专有的，面积为70 公顷的汽车测试场。

实行小组生产方式

VOLVO 汽车的特色是汽车生产线的变革——把传统流水式的生产线作业改变为小组式生产，这种从尊重个人发展出来的作业方式，十年前震惊世界，至今仍是管理学者及企业界人士研究的题目之一。但VOLVO 却实施了十多年，而且在其新落成的乌德瓦拉厂将继续实施。

VOLVO 这种独特的小组生产方式，不但提高了生产能力，也提高了品质。这是继美国汽车大王亨利·福特之后，在汽车工业上的重要发展。

1974年成立的卡尔马厂，就是VOLVO 汽车首脑人员为顺应瑞典的社会变迁、人本主义思想潮流的兴起，苦心设计出来的结晶。可以说，卡尔马厂是从尊重个人出发设计、建造出来的现代化工厂。

瑞典工业界对卡尔马厂有极高的评价，瑞典效能及参与发展委员会曾于1984年，也就是卡尔马厂成立十周年时，发表其对卡尔马厂的调查评估报告，指出在该厂所实施的创新，可视为是瑞典工业界在国际市场上的努力。这种努力不断地增强其自身的能力，具体行动则是落实科技创新，以及创造良好的工作环境。

20 世纪60年代，瑞典汽车工业面临困境，工人旷工率及离职率不断升高，而且很难招募到新工人。而瑞典教育水准日益提高，汽车生产线的工作更难找到工人。

工作之中寻求满足

上述背景迫使VOLVO 发展出新的汽车生产方式。VOLVO 的员工由工程师到主管，以及工会代表都在讨论突破的方法，最后大家决定采纳了日后震惊世界的小组生产方式，而且决定根据大家所讨论出来的理想来兴建卡尔马厂。当时的VOLVO 总裁PehrG. Gyllenhammar就在兴建卡尔马厂之前公开宣布：“卡尔马厂将在下述原则之下安排其汽车生产，这就是每一名员工可在其工作中找到意义和满足”，“卡尔马厂将是这样的工厂——不牺牲效率和公司财务目标，但又能使员工有机会在团队中工作、能彼此间自由沟通、能变换工作、能变化其工作进度、能认同其产品、能体会本身对品质的责任，而且对其本身的工作环境有影响力”。“当产品是由一群在其工作中找到意义的人制造出来的时候，这种产品一定具有高品质。”

在北欧的蓝天下，历经了十多年的卡尔马厂显得朴实而安宁。在二楼工作区，四到五位工人围着一辆汽车工作，形成一个工作小组，自动搬运车则缓缓地运送着正被装配着的一辆又一辆汽车。大量的机器人及电脑终端机在工作着，而工人也正挥着手中的工具进行操作……这情形表现出自动化和灵巧的人手紧密结合，生产出品质良好的汽车的过程。

为方便工人们工作，有些汽车是被半倾斜地放在自动搬运车上，有些则被悬放在自动搬运车上空。由于是订单生产，每辆汽车都放置有一份作业流程及规格，以便工人操作。

工人们从容地在轻快的音乐声中工作着。工厂屋顶垂挂了许多吸音板，来吸收工作时所产生的噪声，每一工作区的工人可依其爱好，播放不同的音乐。

在工作场所的旁边设有休息室，有工人在休息、喝咖啡、吃点心……

工作区有特别规划

卡尔马厂公关经理Lars Nesser 说："卡尔马厂是基于一项非常坚实的理念建造的，这就是以小组生产观念为核心的工厂设计。"他指出，每一小组拥有其本身的工作区以便工作，其工作区的独特规划，则显示出小组的自治性及特有个性。此外，每一个小组有其专用的物料明细清单。

他还指出，厂区中的自动搬运车是使小组生产方式变得具体可行的主要设计，这种电脑发挥着搬运及工作台的功能，突破了必须依赖传统移动式生产线作业的障碍。他们是以中央电脑来控制每辆搬运车的行驶轨道，工人们可随时调动搬运车，以配合其工作。

在品质控制方面，设计有电脑作业系统，使工人们能跟踪其工作结果及品质。工厂内到处装有终端机，每一小组区则至少装有一台，以便工人们随时可由终端机画面上了解工作情形。

可以体会出，VOLVO 聪明地运用科技，使其尊重个人的小组生产观念成为可行的方法。

一位工厂经理指出，每一小组约有15 名成员，成员间可随时互相支援交换工作，万一有人缺席，别人都可补上其工作。他说，每一小组专门负责汽车的某一个部分，在一定的时限下，小组成员间可互换工作及变化其工作进度。在把汽车交给下一阶段的工作时，小组会对其工作做测试及必要的调整，这显示出小组对其负责部分的品质是负全部责任的。

每辆车经过25个小组

每部汽车要经过大约25 个小组。每一组对其工作区有出入控制权，有一名指导及一名小组代表，他们有权挑选及培训新伙伴，并有其爱好的点心及专用更衣室。每一小组成员若想多学一些不同的工作，可申请到"补缺部门"，以代替请假者的工作。这样可以收到两项效果：其一是，工人可学到多种技艺，其二则是可以解决请假问题。每一小组的凝聚力极强，到"补缺部门"工作的工人大多会在休息时返回其原来小组喝咖啡，即使要花点往返时间也不在乎。工作小组是一种"在大工厂中有许多小工厂"的一种整合性的实现，既有大工厂的雄厚实力，又有小工厂的紧密团结。

在管理方面，Lars Nesser指出，卡尔马厂分为多个工作区，有其独立预算责任，由各区主管负责。这样一来，品质的要求就被特别强调出来了，而工人的工资制度与其品质成果是互相联结的。主管要与整个工作小组讨论财务问题，这使工人们也会关心企业的业务。

卡尔马厂的重要管理哲学是“开诚布公地沟通”，管理层强调公开其目标及结果，这使得管理人员和工人沟通良好，创造出互信的气氛及良好的合作关系。卡尔马厂的工会与厂方也有良好沟通，使工人的意愿与影响力有良好的表现。

乌德瓦拉厂总经理孔班乐说：“我们的新厂比卡尔马厂有所进步，我们整辆车都是由一个小组制造的，每一小组由成员轮流领导。这使小组成员更有成就感。”

孔班乐指出，VOLVO 是以让工人承担责任、为行为负责的方式来使员工发挥聪明才智的。他强调：品质的意义是要自上而下贯彻于整个组织，我们所做的一切都要本着品质良心和品质责任，跟别人合作过程中以及对别人的行为也都要注意品质。所以VOLVO所做的这一切都是以注重品质为主的。

案例来源：马国辉，刘琴．质量管理的100种最实用方法［M］．北京：中国经济出版社，2014：278．

9.5 惠普的质量管理

在惠普的管理方式中，全面质量管理是非常重要的一部分，具体的措施是实施ISO 9002 认证。在1994 年，惠普的售后服务就获得了ISO认证，使得在中国这么大的区域里，能够实行统一的服务标准来为用户提供售后服务。谈到质量管理，有一个新词叫做“全面客户体验”，强调用户的体验是全面的。比如，对于用户来讲，市场上有很多不同品牌的产品，它们性能相同但价格略有不同。用户从有意想买、选择去买到决定去哪里买，买了之后的安装使用等会产生一系列问题，因此，用户可能在消费的各个阶段会与公司不同的人打交道。所以，它是一个全面的客户体验过程，不是只有销售人员就可以了。一个企业里销售人员固然很重要，但绝不能忽略对一线员工的培养。全面的客户体验就是希望用户得到满意，是客户的需求被满足了的一种感受和期望值的实现。现在市场上有一种非常奇怪的现象，用户与销售人员个人建立起一种很好的人际关系，而且随着这个销售人员的离去就不再是原先这个公司的用户，而可能会转向别的公司。说明这个用户已经形成了与某一个员工或某一个销售员之间的一种相互信任感，人和人之间是有感情的，如果用户感觉到你在为他着想，他一定愿意多听你说，多听你介绍你的产品。因此，怎样使我们的销售人员能随时想着客户，而不是仅仅想着他怎么样去完成任务，比什么都重要。

对于一个企业来说，持续经营的挑战表现在哪些方面呢？一方面是如何能够保持持续创新的能力，另一方面是如何能够不断地改革，以适应快速变化的生态系统。这是两个方面的挑战。运通最初起家的时候是一个地区性的快递公司，后来它进入到了金融服务领域，现在很多人都在用AE，接着它又涉足了旅游服务。惠普公司在美国、欧洲和亚洲的很多国家使用的都是AE 卡，等于在公司里有他们专门设点的旅游服务。员工出差、订饭店以及出差回来结账，都使用他们的卡。它保持活力的源泉，就是在不同的领域不断地开拓自己企业的深层空间。

联想集团的经营理念之一，叫做“吃着碗里，看着锅里，想着田里”，讲的就是持续市场开拓的能力。如果一个企业只盯着眼前，很快就会失去方向。但是无论企业如何发展，如何开拓，都必须始终把质量问题摆在一切工作的首位。惠普是以测量、计量仪器起家的，一直以产品精良而著称。其创始人时常对当时的员工说：“我们要非常注重产品质量，因为我们的客户时刻在衡量我们的产品质量。”惠普在美国的一些工厂进行质量控制的时候实际上有两条线：一条是对外承诺的产品可以达到的标准线，另外一条是内部掌握的要远远严于前者的标准线。这样，才有可能使出厂的产品百分之百可以达到向用户承诺的指标。

现在，大部分企业的管理都是利用计算机控制，不再是人为的。人为操作有时可能会有小的疏漏，情绪不好还会出现残次品，弄不好就会有伤亡事故发生。惠普在1966 年就引进了用计算机来控制仪器的方式，不再是手动调整。在1984年，他们开始涉足了激光打印机和喷墨打印机领域，这方面惠普在世界上是持续领先的。1986 年，惠普又推出了经典指定级的OPEN 系统。有了OPEN 系统之后，数据的交换开始变得方便。现在有了Internet这种环境，使得世界上的信息传递变得非常快。惠普也涉及了很多家庭娱乐方面的产品，包括掌上电脑、MP3等。以前，惠普比较侧重于商用方面的产品，现在也开始涉足个人消费产品。在进入互联网环境之后，惠普的确是处在一个得天独厚的领域中。国外已经在尝试合理使用计算机的资源。不是每家都买一台大机器在那里摆着，然后可能是资源多少年也不一定用得完。惠普公司现在很多使用的机器都不是放在机房里边，而是放在专门的一些信息库里，然后通过光纤和高速网把它们联系起来。因此，计算机变成了一种共有资源。

案例来源：马国辉，刘琴. 质量管理的100种最实用方法［M］. 北京：中国经济出版社，2014：282.

9.6 奔驰: 严格的品质管理制度

戴姆勒—奔驰汽车公司是德国最大的汽车制造公司，素以生产优质高价的“梅赛德斯—奔驰”汽车著称于世，是世界十大汽车公司之一，创立于1926年，创始人是卡尔·本茨和戈特利布·戴姆勒。它的前身是1886年成立的奔驰汽车厂和戴姆勒汽车厂。1926年两厂合并后，叫戴姆勒—奔驰汽车公司，作为世界上历史最悠久的汽车公司，奔驰公司自1926年创建之日起，就始终处于执世界汽车业之牛耳的地位。一个多世纪以来，世界汽车业几经沧桑，许多汽车公司在激烈的市场竞争中几度沉浮，然而奔驰汽车公司却始终“吉星高照”，这在很大程度上归功于其产品的高品质。

由于奔驰车有着无可比拟的品质优势，因而成为公认的高档车和名誉地位的象征。有人曾称，奔驰车急似猛虎下山，缓似行云流水，开奔驰车是难得的精神享受。但奔驰车是如何获得如此高的品质和人们的信赖呢？这主要归功于公司的严格的品质管理制度。

奔驰公司认为，只有全体员工都重视产品质量，产品的品质才有保证。因此，公司十分强调企业精神，强调工人参与，努力营造一种严格品质意识的企业理念。

高品质与员工的高素质是分不开的，因此，奔驰公司十分注意培训技工队伍，仅德国就设有520个培训中心。接受培训的人员主要包括两方面：一是培训有经验的年轻人，二是培训有经验的工程技术人员、商业人员、技术骨干，受基本职业训练的年轻人经常保持在千人左右，他们大部分都具有十年制学校毕业的文化程度，进厂后进行为期两年的培训。在培训过程中除每周一天的厂外文化学习外，其余时间都在厂内进行车、焊、测等基本理论和实践的训练。学员在结业考试合格后，才能成为正式工人。不合格可以再申请一次重考的机会，若还不能及格，则被认为是不适合在该厂工作。在公司里，各车间只有简单的辅助工作才完全由新工人独立完成，其他技术性的工作都是新老结合，以老带新。

奔驰公司的工程技术人员、商业人员和技术人员共有9300 多人，占员工总数的20%。他们是公司的骨干力量，公司对他们的培训是不惜血本的。公司通过举办专题讲座，派员工外出学习，设立业余学校等形式对他们进行内容丰富的各种再培训活动，平均每年约有2万至3万人参加这类再培训。

另外，公司在关心员工生活、调动员工积极性、增强品质意识等方面采取了多种其他措施。例如，全公司的180名医务人员除为员工看病外，还负责研究员工生病的原因、车间及办公室的合理布置、如何减轻劳动强度等问题。公司还允许员工购买本公司股票，建立员工合理化建议制度等。

人员素质高，公司又充分调动了员工的积极性，因而员工的品质意识就较强，因为产品品质的好坏，直接关系到公司的命运和每一个员工的切身利益。

奔驰公司对产品的每一个部件的制造都一丝不苟，有时甚至到了吹毛求疵的地步。人们在判断汽车的品质时，大多对外观、性能较为重视，而很少注意它的座位，但即使在这个极少引人注意的部位，奔驰公司也极为认真。例如在制作皮面的座位时，他们首先要选好牛皮。他们曾到世界各地考察、选择，确定牛皮品质最好的地区和牛的种类作为他们的牛皮供应点。在确定了供应点以后，奔驰要求其饲养过程中要防止牛身上出现外伤和寄生虫，保持良好的卫生状况，以保证牛皮不受伤害。一张6平方米左右的牛皮，奔驰厂只用一半，因为肚皮太薄，颈皮太皱，腿皮太窄。此后的制作、染色等都有专门的技术人员负责，直到座椅制成。从制作座椅的这种认真精神，可以推想到奔驰公司对主要机件的制造是如何精细了。

为了保证产品的高品质，奔驰公司的检查制度是十分严格的。即使是一颗小小的螺丝钉，在组装到车上之前，也要先经过检查。生产中的每个组装阶段都有检查，最后经专门的技师检查签字，车辆才能开出生产线。许多机械的劳动如焊接、安装发动机和挡风玻璃都采用了机器人，从而保证了品质的统一。

在一辆奔驰汽车的制造工程中，约有5% ~ 10%的汽车零件是从别的公司购买的，其余部分都是由自己的分公司按指定的设计、原材料和生产规格的详细范本制造的。各个采购部的经理，要对其经营范围的商品品种、规格和品质负全部责任。奔驰公司对主要供货厂家相当了解，并要求他们按消费者的要求及市场动向提供高品质的原料及零部件，因此，经理们同采购人员及供货厂家的技术管理人员都保持着密切的联系。

奔驰汽车公司为了检验新产品的品质和性能，除有一套计算机控制的设备外，又建造了一个占地8.4公顷的试验场，试验场里有各种不同路面组成的车道，长约15公里，公司每年都要拿出新车在试验场内做各种实验。为了进一步把好品质关，奔驰公司在欧洲、美洲、亚洲等地，专门设有品质检测中心。中心内有大批的质检技术人员及高品质的设备，每年要抽检上万辆的奔驰汽车。

由于采取了上述诸多措施，使得奔驰汽车公司生产的汽车耐用、舒适、安全，在人们的心目中树立起了高品质的形象。

第二次世界大战后。新兴的日本汽车工业迅猛发展，日本车大量冲击欧洲市场，在这种情况下，奔驰车不仅顶住了日本车的压力，而且增加了对日本的出口。尽管一辆奔驰车的价格能买两辆日本车，但奔驰车始终在日本市场保持了一块地盘，在世界汽车市场的激烈竞争中求得生存和发展，使其成为世界汽车工业中的佼佼者。一辆辆头顶“三叉星”商标的戴姆勒—奔驰汽车风驰电掣般地疾驶在世界各国的公路上，显得生机勃勃，鹏程万里，奔驰以其卓越的品质而饮誉全球。而它的创始人戈特利布·戴姆勒和卡尔·本茨制造出世界上最早的汽车，因而被誉为“世界汽车之父”。

案例来源：马国辉，刘琴. 质量管理的100种最实用方法［M］. 北京：中国经济出版社，2014：284.

9.7 凯瑞伯——一个自我管理的奶酪制作团队

某日早晨6点，在凯瑞伯食品公司的RG.布什车间，绿色团队替换了已工作12小时的银色团队。凯瑞伯食品公司是美国第二大奶酪生产公司，有53名员工的布什工厂（位于亚利桑那州附近）负责生产散装奶酪，然后再送到其他工厂做成最终的产品。布什工厂的生产效率非常高，每周生产约100万磅的奶酪，这不仅要归功于先进的生产管理技术，还与运用自我管理团队有关。除绿色和银色团队外，还有红色、蓝色、维修、支持和管理团队。

由6个成员组成的绿色团队负责压缩、脱水、装盒、包装和放入托盘等流程。

在交接班的开始，从两个团队中指派的交接员谈论了他们认为可能存在并为此找了一夜的pH值问题。两个团队的成员在流程监控室的计算机屏幕、电源开关和仪表盘前各就各位，他们检查了流程在过去几小时内的工作情况，并查阅了预防性维修的计划表。其他三个团队今天在操作室工作，负责手工劳动，制作纸桶，将奶酪装入桶中，将装好的桶安放在托盘上。

团队成员奔波于这些工作中，其中包括传递信息的工作，这是与工厂指派的团队领导接触最密切的工作。团队成员承担了团队顾问的工作职能，团队顾问以前是指导团队的非团队成员。在这家工厂，工作的交接一直被看作是比拥有最称职的员工还要重要的事情：来瑞是该团队中技术能力最强的员工，但是今天他也被派去装奶酪桶了。

该团队在自己的班组上处理了一大堆问题。计算机显示屏提示监控室蒂姆的脱水器出了问题。他通知了托尼，托尼离开做桶的岗位几分钟去查看阀门，并清除了一块堵塞物，后来，pH值的问题又出现了，它现在已经低于技术要求了。更糟的事情是发现了一些烧煳的奶酪，需要关掉脱水器对其进行清洗。团队采纳了维修组的意见，无论如何必须对脱水器做一次更全面彻底的清洗。团队想在可能的情况下马上恢复生产，因为脱水器停工要花费公司的钱，而且质量不合格的奶酪会影响团队的产量。当过滤器被彻底清洗并重新安装好之后，开工的准备已经就绪了。

团队在工作过程中简直是被信息包围了：一个三英尺长的电子信号灯在操作协调性、生产和顾客投诉等不同方面提示着他们；一个布告牌上写满了关于原料消耗和鼓励机制等信息；在监控室的外面挂着一幅标语，提醒他们“争分夺秒”。

绿色团队成员们经常交流，除了每天日常工作中的交流外，他们还每月召开团队会议讨论目标、问题、日程、计划和任何需要考虑的事情。此外，他们还召开操作团队会议、沟通会议和鼓动会议。成员们知道所有这些会议都是享受的权利和合作付出的代价，但是他们认为这样的代价要比让管理部门做所有的决策好得多。

团队最近第一次解雇了一个队员，这是一件非常困难的事情，因为他不仅是一名队员，而且还是一个朋友。他们解雇他是因为他的技术能力不够，尽管他原来也解决了一些问题。他们想尽办法帮助他，但是问题还在继续，团队感到他会拖累大家的工作。

绿色团队的最新成员泰德这样概括团队对自我管理的感受：“当我到这时，我发现这是我自己的天地。我不需要一个老板盯着，因为我知道该怎么做这份工作。我从不认为有经验的人站在旁边监视我的工作是合情合理的，如果你14岁可以这样盯着，但我是成年人，请尊重我。”

案例来源：马国辉，刘琴. 质量管理的100种最实用方法［M］. 北京：中国经济出版社，2014：291.

9.8 加油站OEC管理法

什么是加油站OEC管理?

O：Overall全方位；

E：Every（one day thing）每人、每天、每件事；

C：Control&Clear 控制和清理。

三个基本原则

PDCA原则：P（Plan）计划、D（Do）实施、C（Check）检查、A（Action）总结。

比较分析原则：加油站经理要定期进行加油站经营数据的分析，纵向和去年同期、上月水平比较，横向和竞争对手、兄弟加油站对比，明确自己的优势、劣势、机会和威胁，根据自身的特点采取相应的提高措施。

不断优化原则：不断提高工作质量和工作标准，每天都比昨天进步1%，对工作持续改进和提高，实现日清日高的工作效果。

三个基本工作法

WBS（工作分解结构）工作法：明确工作目标，目标层层分解，围绕目标确定各项具体工作；每项工作包括工作内容、标准、结果、责任人和监督人，工作内容应该尽可能细化分解为具体的操作。

日清工作法：当日工作当日清、班中控制班后清、员工自清为主组织清理为辅，按照PDCA 的原则通过日清表及时了解经营情况和工作的薄弱环节，并不断进行改进和提高。

区域管理工作法：一是对加油站内部的工作区域进行划分，对特殊区域进行标识，把每个工作区落实到人，责任人负责责任区的一切工作，保证工作效果可以追溯；二是对加油站面对的市场区域进行划分，一站一片，近站连片，相应的加油站负责所辖市场区域的市场开发，明确加油站经理的市场开发责任区，有利于加油站集中精力开发所辖市场范围内的客户，避免公司内部加油站的无序竞争，避免资源浪费。

三个管理法

岗位管理法：加油站所有岗位根据顾客的需要设置，员工上岗通过竞聘，能者上，庸者下。实行末位淘汰，同时加强各岗位的动态轮换。

班组管理法：强化当班班长的现场管理职能，树立经营班组的意识，加强班长对班组员工的考核。加油站经理对班组进行考核，组织评选优秀班组。实行动态管理，工资与绩效挂钩。

全员激励管理法：工资收入与员工的工作效果挂钩，为每个员工建立档案，将员工的工作情况记录在案并与员工的“三工”（试用员工、合格员工、优秀员工）转换、升迁相挂钩；建立发明奖励机制，发放一定的物质奖励并以该员工的名字命名工具或工作方法；对员工取得的成绩即时进行表扬。

案例来源：马国辉，刘琴. 质量管理的100种最实用方法［M］. 北京：中国经济出版社，2014：293.

9.9 保利的小匠心，大情怀

随着生活节奏不断加快，越来越多的人住进了高楼大厦，在车水马龙、灯红酒绿的都市生活中，尽情享受着现代物质文明带来的幸福生活。但渐渐地我们会发现，每个人其实都是被封闭在一个狭小的空间里，除了自己的家人之外，很少和外界交流。而那种“守望互助，葱油相借”的邻里温情，更是只能在记忆中去细细回味。一边是现代化的生活，一边是邻里间的温情，如何兼而得之？保利物业，一个主张“亲情和院”的企业应运而生。

电视连续剧《欢乐颂》一度成为大家热议的话题，剧情有这样几个片段：电梯出现问题的时候物业负责人亲自登门鞠躬道歉，态度极其诚恳；大厅配有前台，装备业主呼叫装置，陌生人进入会被物业人员拦下来，并要求核对身份。

初看上去似乎很高大上，却总感觉少了点什么，细细一思量才发觉，少了点人情味。说起人情味就不得不提保利物业的质量管理，而对于保利物业的质量管理，人们想到的就是保利物业的央企身份以及人情味。“人情味”作为保利物业20年匠心雕琢的品牌形象，已经成为保利物业全国400个社区200余万业主的幸福标签，并且得到行业的认可，连续获得“中国特色物业服务领先企业——亲情和院”称号。

那么，保利物业是如何做到这一切的呢？

成功之道，唯专唯精

在成立至今的20多年里，保利物业只坚持做好一件事，就是打造中国最具有人情味的物业服务品牌，以专业精神做好“亲情服务”，让更多的亲情回归社会、回归每一个保利社区、回归每一个家庭、回归每个人的生活。

从2005年以“舒适（Comfort）、关怀（Care）、文化（Culture）”为核心的3C服务，到2008年提出“客户知心、服务暖心、文化爱心、品质安心、伙伴诚心、全员同心”的360°亲情守护服务，再到2014年“亲情和院”的“亲情管家服务小组”与“大客服”体系，我们可以发现，保利物业始终坚守“亲情”之道，从高层到中层再到基层员工，每一个环节和层级的服务理念不断升级。从社区设备设施的管理维护到社区文化的打造，管理与服务标准也不断地精细化。

保利物业基于金钥匙服务体系建立的“亲情管家”服务小组，把对业主需求处理中的各个关键点，形成可量化考核的80项服务指标，进一步提升服务效率和客户体验，力求让人情味深入到物业服务的每个细节。

此外，保利物业通过不断升级绿化、安防、设施设备维护等管理标准，把专业做到极致。例如对社区植物的种养、维护有着严谨、细致的标准，保利物业是以厘米为单位，精准把握绿化养护的细节。事实上也只有这样的标准，才能让百花竞相在保利社区里开放，成就保利业主“在家门口赏花”的美事。

又如保利物业有着军旅文化基因，以军人特有的奉献、牺牲、服从、吃苦、守纪精神作为社区安防工作的信念。每日常训、每周特训、每月集训制度的高强度训练，造就一支业务“四熟”，遇事“四快”，训练有素、专业过硬的保利铁军，最大程度保障社区的秩序与安全。

为什么要如此严格要求质量？保利物业曾做过初步的统计，一个小区一年内真正向服务中心报事报修、求助等有直接对接的业主不超过40%。也就是说还有60%的业主对物业服务的感知，来源于对公共服务、公共管理的水平和物业人员的形象、态度、礼节等方面的感受。保利物业的“大客服”体系，就是通过“全员客服”与“软管理”，把个性化基础服务与公共管理与服务做得更加“得体、到位和稳定”，让每位业主都能感受到“我们在哪里，服务就在哪里，亲情就在哪里”。

在贯彻“大客服”过程中，保利物业逐步形成了有推广价值的“好做法”，如：广州住宅的“岗位远程视频管控”、成都分公司的“6S”环境管理、佛山分公司的“地产客服进项目”、重庆分公司的“客户关系管理”、天津分公司的“设施设备管理”、辽宁分公司的“现场管理和服务”、上海分公司的“遗留工程管理”等。通过这些管理与服务方法的推行，对于违规装修、高空抛物、违规养犬、拖欠管理费、卡口矛盾等常见疑难问题，保利物业采取的是“寓亲情于管理”的服务方法，管理中有服务，服务中有亲情，实行有针对性的“软管理”，对上述服务难点设定了28个服务案例解析，让员工们找到可借鉴的工作，再用真诚、持续、贴切的服务去缓解、去感化，获得理解和支持。

“保利物业一直都值得依赖！”——随着服务的升级，业主的满意度也发生了明显的变化，满意度平均分达到83分以上。如今保利物业在各地区的公司近11.8%的项目依法依规地完成了调升管理费的工作，调费后收费率与满意度不降反升，而且在原来反对调升物业管理费而拒不交费的业主中，更多地选择了主动交费。

亲情文化，匠心所在

如果说把服务做“小”是保利物业追求极致的表现，那么把专业做“大”，让亲情不仅是保利物业的服务理念，也是保利社区特有的文化，是所有保利业主的共同价值观，能够让亲情回归到更多中国人的生活中，这也是保利物业对亲情的坚守与执着追求。每逢元宵节、母亲节、儿童节、中秋节、重阳节等节日，保利物业都积极开展富有特色的社区活动，如中秋节的“万家灯和”与“和家宴”联欢晚会，为业主送去亲情和幸福。保利物业还着眼于业主的日常生活，开展贴近业主们居家需求的便民活动，如武汉公司的便民大篷车，为业主提供修理自行车、理发、清洗水龙头、清洗抽油烟机、社区义诊、电影播放等各类免费服务，打造有传统院落文化又有现代社区管理思想的大院式亲情社区。

保利物业坚持打造有特色的社区文化，至今为止，“和乐中国”活动已经连续举办了7届，郎朗、宋祖英、杨丽萍等艺术家先后为全国50多个城市近百万业主带来精彩的艺术享受；“国学进社区”活动先后邀请了张颐武、于丹、梁文道等近10位文化大家与保利业主分享传统文化，潜移默化中打造了有保利特色的社区人文氛围。

保利物业在行业内率先成立第一个社区志愿服务队，由上海、广州、北京等城市的保利社区里的各界热心人士组成，总人数达5000多人，共开展志愿服务活动近2000场次，为数以万计的保利业主以及社会人士送去暖心和关爱。

保利的社区志愿队先后参加了奥运圣火传递、汶川地震募捐、云南藏区助教、亚运会及亚残运会志愿服务等大型志愿活动，获得广州市志愿服务先进集体、广东省重点培育社会组织、志愿服务优秀项目等荣誉，其中广州保利花园志愿队的队长肖锐成还获得“广州好人”称号等。

2016年，保利物业社区志愿服务队全面升级为全国性的和院志愿队，并且是全国首个率先加入中国志愿服务联合会的企业会员单位。目前，已经在合肥、江苏、成都、武汉、沈阳、厦门等十多个省市的保利社区，展开会员招募活动，并计划暑假期间组织全国性大型志愿活动，号召350个社区200万业主积极参与加入，共同将“亲情文化”推向全社会，让亲情重回更多中国人的生活。在小处做好“亲情服务”，并以20年的坚持，逐步形成独特的“亲情文化”，成为独一无二的“亲情品牌”，这就是保利物业一直坚守与追求的匠心所在。

亲情管家，服务创新，精益求精

“服务”是任何一个物业服务企业的价值所在以及转型升级的根本。把“工匠精神”与“创新精神”融入每个物业人的工作基因中，共同做好“服务工匠”这个角色，精益求精地解决社区用户在个人发展、家庭生活、身心健康、社区文化、资产增值等方面的“痛点”，这就是物业服务企业的价值所在。

那么物业管理行业应该怎样进行创新？物业服务企业是典型的“杂家”，既涉及建筑物和设施设备，又涉及环境、安防管理、人员服务、文化活动、地域文化差异等。在迅速变化的市场环境中，物业服务企业一定要一只眼睛盯着行业之外，并要保持独立思考，不随波逐流，也不能对创新潮流视而不见，要结合企业自身的运营状况，针对社区和业主的真实需求，把各种技术方案和产品转化为有效的物业服务供给。

资源整合的创新：和生态圈

作为社区服务集成商，保利物业根据住户需求，参与社区功能以及服务项目的植入，满足住户生活需求。比如，目前保利物业与顺丰快递合作社区“熊猫仓”，开启“互联网+”时代的社区物流集中化管理新模式，所有快递统一收口，社区安全有保障，免除后顾之忧。目前已经覆盖30多个保利社区，日平均处理快递3000多件。除此以外，在社区商态的定制上，保利物业纵向整合房地产资源，横向引入专业供应商，打造最有服务力的“和生态”服务圈。

服务平台的创新：芯智慧2.0

保利“芯”智慧平台致力于打造物业信息化管控、智能化综合管理、科技养老以及社区商业等应用的集成，促进行业管理效率与服务效率的提高，以及社区增值服务盈利和业主满意度提升，在不久的将来还能够实现与行业的共享。

生活服务的创新：未来生活

保利物业的“全生命周期服务链”，为青少年和长者群体提供针对性的身心健康服务方案。如保利社区青少年宫为提供专业的少儿艺术启蒙教育和培养，携手数家知名少儿、艺术协会，中国、香港王牌教育机构，为0~12岁儿童提供一站式的综合素质教育平台，已在武汉成功开业运营；为长者提供社区养老及居家养老服务的和熹健康生活馆，已经在广州、北京、成都、太原等城市开设了近20家。

随着2016年外拓战略启动以来，如今保利物业已经成为同元集团、中国人寿陕西公司、山东滕投集团、汇源建设集团等多家知名企业的合作伙伴，为超大型旅游综合体、智能化写字楼、百万级综合居住大盘、城市地标性社区等多种业态提供专业服务。保利物业20年打造的“亲情和院”品牌，将在全国各地落地、深耕。未来，也将有更多业主能够享受到保利物业“匠心独具”的高品质物业管理与生活服务。

案例来源：廖月华，姜军．保利物业的小匠心，大情怀［J］．城市开发：物业管理，2016（5）：10.

9.10 海尔 PDCA 管理法

PDCA管理法

海尔在管理模式的设定上，不仅严格按照ISO 9000：2000版的标准建立程序文件，而且严格按照标准执行，保证工作得到迅速执行其理论基础就是PDCA管理法。以销售任务的计划、组织、控制为例：每年年终，集团商流、各产品本部根据本年度的销售额完成情况，结合各产品的发展趋势及竞争对手分析等信息，制定下一年度的销售计划。然后将这一计划分解至全国11个销售事业部。销售事业部长根据各工贸上年的完成情况、市场状况分析等信息再将销售额计划分解至下属各工贸公司。工贸公司总经理将任务分解至各区域经理，由他们将任务下达至区域代表，区域代表将自己的销售额任务分解至其所管辖的营销网络。从时间纬度进行分解：年度计划分解至月度，月度计划分解至每日。处于管理层的每一位管理者就可以对其下属每日的工作状况进行监督，并及时进行纠偏控制，使管理者最终控制至每一个具体网点。这就区别于国内的一些公司只是将任务分解至每月，下达至相关责任人处，仅仅依靠对相关责任人的月度提成激励，而不对其如何完成任务的过程进行控制的管理方法。海尔集团在新产品开发、新品上市、质量管理等所有方面都是遵循PDCA管理方法的。通过这种做法就可以保证“人人都管事，事事有人管”，避免出现管理的真空。

OEC日清体系

PDCA管理方法运用于每日的事件管理，就形成了比较有海尔特色的OEC日清体系。每人均处于相应的岗位上，每一岗位均有不同的岗位职责，并制定出相应的指标，每人均处于指标的考核之下，激励直接与指标挂钩。指标又可分为主项指标、辅项指标以及临时任务指标等。每人在当日晚上分析当天的各项任务完成情况，找出差距原因并进行纠偏，以使以后的工作质量得到提高，形成持续不断的改进过程。在做完今日的总结后，对明日工作做出计划，然后将OEC日清表交至主管领导处，由主管领导进行审核控制并对属下的当日工作进行评价和激励。

通过日清表，处于不同管理层的管理者就可以比较清楚地了解其下属的工作，便于及时地纠正下属的工作失误，同时对优秀的做法及时总结推广。

激励机制

有了PDCA管理方法与OEC日清体系，配合适当的激励机制，可以使员工按照公司规范进行工作。在激励体制建立方面，除了在集团范围内的年度激励外，海尔集团形成了自己特色的横向月度激励及纵向日度激励体系。在横向月度激励方面，每月的评比是分层次进行的，按照本部级、本部内部处级及科级等级别进行评比。具体操作办法为：按照各岗位的主项、辅项指标的经营得分情况对相关人员进行排序，分为表扬类、批评类。对于表扬类人员找出其受表扬的创新角度及案例分析，批评类找出业绩差的角度及相应的案例分析。在月度总结大会上由相关人员自己总结，同时相关领导对表扬类人员现场发奖金。对批评类宣读其负激励金额并在当月工资中进行扣除。将月度考核情况张贴于各显要位置，以此起到表扬先进、鞭策落后的作用。管理人员连续3个月受表扬可以进入上一层人才库，连续3 个月受批评，管理岗位降低一个级别。在纵向日度激励体系的建立方面，各层管理者根据其下属当日OEC日清表评出A、B、C三类，并分别找出创新原因及落后原因，予以激励及公布。

过程管理方法

OEC日清体系为各个岗位设定了主项及辅项指标，这里我们可以发现海尔集团不仅关注业绩，而且更关注实现业绩的过程和方法，从而使每项工作均是建立在比较稳固的基础之上。以品牌经理的业绩考核指标为例，主项（财务指标）为回款与销售额，辅项指标可细分为过程指标与客户指标：前者主要包括培训组织指标、零售指标、老品库存消化指标及新产品上市指标、促销支持指标、渠道管理指标、月度、周、日考核指标；后者主要包括客户投诉率指标、新网点开发指标、原有网点达标指标、市场占有率指标等。若当日主项指标不理想，总经理就会督导品牌经理从过程指标找原因，并针对问题采取适当的纠偏措施，以达到或超过主项指标的要求。

上述管理体系使得每一项任务都能得到迅速执行，这就避免了许多国内公司出现的有规章制度不执行、管理效率低下等问题。优秀的管理体系是海尔的核心竞争力之一。

案例来源：马国辉，刘琴. 质量管理的100种最实用方法［M］. 北京：中国经济出版社，2014：288.

参考文献

[1] 王青兰．物业管理的满意度测评. 中外房地产导报，2003（1）.
[2] 王青兰．如何进行物业管理的满意度测评. 中国建设信息，2003（10）.
[3] 刘彬．顾客满意度评价体系在住宅小区物业服务中的应用. 西南交通大学，2011.
[4] 冯明明．物业管理运作全书. 北京：中国城市出版社，2000.
[5] 武智慧．物业管理概论. 重庆：重庆大学出版社，2004.
[6] 徐晓音．物业管理绩效评价指标体系的基本框架. 当代经济，2002（8）.
[7] 王青兰．物业管理理论与实务. 北京：高等教育出版社，1998.
[8] 霍映宝．顾客满意度测评理论与应用研究. 南京：东南大学出版社，2010.
[9] 王占强．物业管理经典案例与实务操作指引. 北京：中国法制出版社，2014.
[10] 马国辉，刘琴．质量管理的100种最实用方法．北京：中国经济出版社，2014.
[11] 聂英选，段忠清．物业设施设备管理. 武汉：武汉理工大学出版社，2010.
[12] 吴日荣，王益峰．物业公司精益管理与过程控制全案. 广州：南方出版传媒广东经济出版社，2015.
[13] 王怡红．物业管理实务. 北京：北京大学出版社，2010.
[14] 刘德明. 经典物业管理方案. 山东：黄河出版社，2005.
[15] 张海雷. 现代物业管理. 北京：化学工业出版社，2015.
[16] 深圳市福田物业发展有限公司. 物业服务企业总体管控．深圳：深圳出版社，2010.
[17] 中国物业管理协会．物业管理基本制度与政策. 北京：中国市场出版社，2014.
[18] 中国物业管理协会．物业管理实务. 北京：中国市场出版社，2014．4.
[19] 李海波．物业管理概论与实务. 北京：中国财富出版社，2015.
[20] 张莉．浅谈物业管理服务行业企业标准制订．经营管理者，2013（16）：214-214.
[21] 魏开明．物业管理服务质量标准的确定与控制．工程与建设，2006，20（S1）：571-572.
[22] 黄志强．城市社区物业管理服务质量评价研究．湘潭大学，2008.
[23] 李薇薇，苏宝炜．物业服务企业的标准化运作模式．中国房地产，2009（10）：75-76.
[24] 郭绍延．物业服务企业标准化管理初探．中国物业管理，2008（10）：60-61.
[25] 赵欣．高校学生公寓物业服务质量的研究．哈尔滨工程大学，2006.
[26] 于飞．物业管理与物业服务的区分与交叉——兼论我国物业立法概念运用之准确化．浙江社会科学，2012（6）.
[27] 曲延春. 管理学．山东：山东人民出版社，2011.
[28] 周三多. 管理学（第四版）. 北京：高等教育出版社，2014.
[29] 蔡任重，董卫东，唐飞. 物业服务质量管理研究与实战. 四川：西南交通大学出版社，2011.